心理学
入门基础

品墨 编著

中国商业出版社

图书在版编目(CIP)数据

心理学入门基础 / 品墨编著. -- 北京：中国商业
出版社, 2021.2(2025.4 重印)
ISBN 978 - 7 - 5208 - 1382 - 2

Ⅰ. ①心… Ⅱ. ①品… Ⅲ. ①心理学 - 通俗读物
Ⅳ. ①B84 - 49

中国版本图书馆 CIP 数据核字(2020)第 233699 号

责任编辑：王　彦

中国商业出版社出版发行

（www. zgsycb. com　100053　北京广安门内报国寺 1 号）

总编室：010 - 63180647　编辑室：010 - 63033100

发行部：010 - 83120835/8286

新华书店经销

三河市众誉天成印务有限公司印刷

*

880 毫米×1230 毫米　32 开　6 印张　136 千字

2021 年 2 月第 1 版　2025 年 4 月第 2 次印刷

定价：36. 00 元

* * * * *

（如有印装质量问题可更换）

前言

每个人都希望了解自己，了解他人，拥有幸福，走向成功，但是这并不容易做到。心理学的出现让这一切都变得简单起来，它可以帮助人们认识自己，看透别人，破解生活中的许多难题，从而更好地驾驭自己的人生。可见，人生中不能不懂心理学，更不能没有心理学。

《心理学入门基础》囊括了认知心理学、性格心理学、情绪心理学、行为心理学、成功心理学、人际关系心理学等多个心理学分支，无论是生活、工作还是人际交往、情绪等，都有涉及。

本书采用通俗易懂的语言，结合具体事例，介绍了一些非常实用的方法。这些方法完全可以拿来就用，帮你轻松掌握心理学的智慧与奥秘，教你从生活、工作、情感、人际关系等方面提升自己，应对各种突如其来的困难和麻烦，更好地树立自己的形象，处理和朋友的关系，说服别人，从而更好地了解自己、读懂他人、认识社会，拥有融洽的人际关系、良好的心态和幸福的生活。

美国心理学家马斯洛曾说："人生虽不完美，却是可以令人感到满意和快乐的。"在这场不断破译心理密码的旅程中，你可能会因为错过一些东西而遗憾，但也会因为收获一些东西而满足，这就是本书将带给你的最大益处。

相信这本书一定能够为你解决生活中的很多问题。轻轻松松学习心理学，我们的目标不是成为心理学专家，而是要理解和运用心理学知识，进而学会如何更理性、更舒适、更精彩地工作和生活。

2020 年 8 月

目录

第一章

看懂行为背后的性格密码

每个人都有不同的性格

性格又称个性，源于古希腊语 Persona。它原是古希腊时代的戏剧演员在舞台上戴的面具，代表剧中人物的角色和身份，面具随人物角色的不同而变换，体现了角色的特点和人物性格，犹如中国传统京剧中的脸谱。

在现代心理学范畴里，性格是人的个性心理特征之一，它是指在人的认识、情感、言语、行动中，心理活动发生时力量的强弱、变化的快慢和均衡程度等稳定的动力特征。主要表现在情绪体验的快慢、强弱，表现的隐显以及动作的灵敏或迟钝方面，因而它为人的全部心理活动染上了一层浓厚的色彩。它与日常生活中人们所说的"脾气""气质""性情"等词的含义相近。

性格是在人的生理素质的基础上，通过生活实践，在后天条件的影响下形成的，并受到世界观、人生观、价值观的影响。它的特点一般是通过人们处理问题、人与人之间的相互交往显示出来的，并表现出个人典型的、稳定的心理特点。

公元前 202 年 12 月，项羽率 10 万楚军，被 70 万汉军围困在垓下。这时候，楚军断炊绝粮，饥寒交迫，外无援兵，已成孤军。夜间，项羽听到垓下四面楚歌，他大惊："汉军难道已占领了楚地？"

在慌乱之下，项羽作诗送给随行的虞姬："力拔山兮气盖世，时不利兮骓不逝。骓不逝兮可奈何！虞兮虞兮奈若何！"虞姬感到大势已去，于是壮烈自刎。项羽性格的敏感程度太高，四面楚歌，虞姬自刎，都让他身心大受刺激。

后来，经过连番激战，项羽到达乌江边，乌江亭长停船岸边，对项羽说："江东地方小，可也有千里土地，数十万人口，割据一方，足以称王，愿大王赶快渡江，定能突出重围。"

项羽闻听此语，说道："天要亡我，我还渡江干什么呢？当年我带江东子弟八千人渡江向西，今天，无一人生还，纵然江东父老可怜我，尊我为王，难道我就不觉得愧疚吗？"说罢，项羽拒绝渡江，将跟随自己多年的战马送给了亭长。

当心爱的虞姬、曾经出生入死的兄弟、战马都离开自己后，项羽感到了无比绝望、悲怆……

到了最后，项羽对认出他的汉军将领说："我听说汉王悬赏千金、封邑万户要我的头，我就为你做件好事吧！"说完就自刎了。

项羽认为自己愧对虞姬，愧对江东父老，不忍心杀马，还想为别人"做件好事"，这种狭隘的性格让他最后死在了自己的手中。

历史人物中，项羽的性格很典型。虽然各种历史版本对项羽的描写各有不同，褒贬不一，但作为心理学的案例来说，他在历史上的表现应该属于敏感人格类型。

这个世界上的人形形色色，没有任何两个人的人格特征完全相同。比如，在日常生活中我们常看到，有的人谦虚好学，有的人狂妄自大；有的人公而忘私，有的人自私自利；有的人喜怒形于外，有的人则遇事不动声色；有的人和蔼可亲，有的人蛮横无理。但是性格不同是不是一定意味着矛盾和争执呢？

其实不一定，我们既然理解了人和人本来就不同，就应该放开心胸，不必强求别人和自己一样。在一些非原则性的小事上强求别人，其实是在自寻烦恼。只从自身的角度出发看问题，固执己见，强人所难，我们的生活将不得安宁。和不同性格的人求同存异，和睦共处，其实是一种处世艺术。

性格是在人的社会化过程中形成的，因此它总是受一定社会环境的影响，性格是个体的先天素质与其所遭遇的复杂多变的社会关系所构成的矛盾的统一，从而产生了一系列的内外部行为。人的性格形成一半来自先天的遗传基因，一半来自后天的环境。每个人性格的不同决定其把握机遇的能力也不同。后天的可塑性对于人的性格成长非常重要，尤其是幼儿时期的生长环境，对一个人的性格有终身的影响。

人的性格并不是一朝一夕形成的，但一经形成就比较稳定，并且贯穿于他的全部行动之中。因此，个体一时性的偶然表现不能认为是他的性格特征，只有经常性、习惯性的表现才是他真正的性格特征。

恩格斯说过：人的性格不仅表现在他在做什么，而且表现在他怎样做。"做什么"表明一个人追求什么、拒绝什么，反映了人的行为动机及对现实的态度。"怎样做"表明一个人如何去追求想要的东西、如何去拒绝想避免的事情，反映了人的活动方式。

在古希腊德尔菲神庙上有句古老格言："认识你自己。"只要人类存在，人们对自身的探索就不会停止。人们之所以探索性格的问题，是因为希望自己能更好地把握世界。人们在自然和社会中寻求发展的同时，不断反思，反躬自问，探索着行为与人性、性格的关系，以求更好地掌握自己的人生。

性格是如何形成的

性格的形成是一个过程，随着年龄的增长和阅历的丰富，性格会慢慢走向成熟。根据心理学家的观察和研究，人的性格在形成过程中大致要经历三个阶段。

1. 性格的雏形阶段

在一个人的幼年和童年期，儿童本身所固有的生理特征（气质类型），经过家庭的早期教育和周围环境的影响，个人性格初具雏形。

2. 性格的成型阶段

随着年龄的增长，儿童变成少年以至青年，开始从事积极的独立活动，并在活动过程中不断接受各种外界影响，性格开始形成个人所特有的风格，并以区别于他人的、基本稳定的性格类型表现出来。

3. 性格的完善阶段

一个人进入成年，积累了丰富的生活经验，认识了外在世界和主观世界发展的规律性，有了评判性格优劣的能力。或者，当一个人形成了世界观、有了理想，并开始按照这个世界观和理想来塑造自己的时候，对性格进行自我调节、自我改进的愿望就会产生，性格也就会通过这种自我调节、自我改进逐渐变得成熟。

我们已经了解到，性格对人的一生有决定性的影响，因此，我们有必要不断地完善自己的性格，使它日益成熟。性格的修炼与完善是一辈子的事，任何人都不敢说自己的性格已经完美无缺，不需要完善了，性格的修炼与完善是贯穿人的一生的。但与其他阶段相比，青年时期的性格修炼与完善更为重要。

青年时期正是性格开始成型还未定型的过渡时期，具有很强的可塑性。在这一时期，各方面都在迅速成长，可是各方面又都没有成熟，身体各部位还在继续发育和生长，各种器官和机能处在逐渐成熟的过程中。在心理上，思维、记忆、情感、兴趣、能力和性格，都处在发展和形成的旺盛期。一切都还未定型，变动性大，可塑性也强。这个时候，正是进行自我修炼，把自己引向正确方向的最好时期。如果在这个时期不能完成塑造自己性格的任务，那么以后就很难完成了。生活实践告诉我们：青年时期的改变是比较容易的，年轻人在自然生长的过程中不断改变着，而成年人却几乎没有什么改变，就是有也很困难。

青年时期乃是一个人由孩童向成人过渡的最重要阶段，是人发展的重要时期。这个时候如果基础没有打好，将会影响今后一生的发展。成年之后，不得不回过头纠正青年时期形成的不良性格时，将需要多费几倍乃至十几倍的努力才行。所以，我们一定要重视青年时期的性格养成，认真进行自我完善，尽最大努力在这个时期为今后一生性格的发展打下良好的基础。

从心理上看，青年时期往往一方面更加迫切地要求认识周围的世界，另一方面也开始饶有兴趣地研究自己，研究自己的能力和性格，研究怎样为人处世。这个时候青年已进入自我意识阶段，开始意识到自己，并且想把自己塑造成受人尊敬的人。因此，这时往往有着自我完善的强烈愿望。

从思想发展来看，青年时期正在或已经受过中学教育，形成了一定的知识体系，对人生、社会有了自己的认识，并且开始以一定的方式对待人和社会事件，对自己的职责也有了一定的认识，对自己的未来有了一定的规划。青年人一方面为理想将要变为现实而跃跃欲试；另一方面又为自己缺乏实践经验而感到焦虑不安。在这即将独立走上生活道路的时候，青年的成人感、责任感和自尊感迅速地增强，他们渴望重新认识自己，迫切要求改善自己，并开始努力学习掌握、控制和改造自己。这样，青年不但获得了自我修养的内在动力，而且在知识、信念、人生观等方面也都具备了自我修养的基础。

从生理上看，青年时期的身体发育已接近成年人的水平，神经系统，特别是大脑皮质的结构和机能也已经发育完全，兴奋过程和抑制过程趋于稳定，基本上具备了自我掌握和自我控制的能力。青年时期抽象逻辑思维的发展，对情感、意志和自我意识等也有很大影响，比如能使情感更加丰富而深刻，意志更具有果断性和批判性，理智更加明晰，行为更具有目的性、计划性，等等。总之，一个人进入青年期后，在各个方面都已具备了按一个成年人的样子塑造自己的条件。青年应该充分利用这个条件，抓住有利时机，及早进行性格的自我修炼和塑造，为以后的人生之路打好基础。

人的本性难移

俗话说：江山易改，本性难移。这里的"本性"是就人格而言的。人格是一个心理学术语，类似于我们平常说的个性，是指一个人与社会环境相互作用表现出的一种独特的行为模式、思维模式和情绪反应的特征，也是一个人区别于他人的特征之一。因此人格就表现在思维能力、认识能力、行为能力、情绪反应、人际关系、态度、信仰、道德价值观念等方面。人格的形成与生物遗传因素有关，但人格是在一定的社会文化背景下产生的，所以也是社会文化的产物。

从心理学角度讲，人格包括两部分，即性格与气质。性格是人稳定的心理特征，表现在人对现实的态度和相应的行为方式上。从好的方面讲，人对现实的态度包括热爱生活、对荣誉的追求、对友谊和爱情的忠诚、对他人的礼让关怀和帮助、对邪恶的仇恨等；人对现实的行为模式包括举止端庄、态度温和、情感豪放、谈吐幽默等。人们对现实的态度和行为模式的结合就构成了一个人区别于他人的独特性格。

性格从本质上表现了人的特征，而气质就好像是给人格抹上了一种色彩、打了一个标记。气质是指人的心理活动和行为模式方面的特点。同样是热爱劳动的人，可是气质不同的人表现就不同：有的人表现为动作迅速，但粗糙一些，这可能是胆汁质的人；有的人很细致，但动作缓慢，可能是黏液质的人。

人格很复杂，它是由身心的多方面特征综合组成。人格就像一个多面的立方体，每一方面均为人格的一部分，但又不各自独立。人格还具有持久性。人格特质的构成是一个相互联系的、稳定的有机系统。张三无论何时何地都表现出他是张三；李四无论何时何地也都表现出他是李四。一个人不可能今天是张三，明天又变成李四。

人格具有稳定性。在行为中偶然发生的、一时性的心理特征，不能称为人格。例如，一位性格内向的大学生，在不同的场合都会表现出沉默寡言的特点，这种特点从入学到毕业不会有很大的变化。这就是人格的稳定性。

人格的稳定性表现为两个方面。一是人格的跨时间的持续性。在人生的不同时期，人格持续性首先表现为"自我"的持续性。每个人的自我，即这一个的"我"，在世界上不会存在于其他地方，也不会变成其他东西。昨天的我是今天的我，也是明天的我。一个人可以失去一部分肉体，改变自己的职业，变穷或变富，幸福或不幸，但是他仍然认为自己是同一个人。这就是自我的持续性。持续的自我是人格稳定性的一个重要方面。二是人格的跨情境的一致性。所谓人格特征是指一个人经常表现出来的稳定的心理和行为特征，那些暂时的、偶尔表现出来的行为则不属于人格特征。例如，一个性格外向的学生不仅在学校里善于交往，喜欢结识朋友，在校外活动中也喜欢交际，喜欢聚会，虽然他偶尔也会表现出安静的一面，与他人保持一定距离。

人格的稳定性源于孕育期，它经历出生、婴儿期、童年期、青少年期、成人期以至老年期。随着年龄的增长，儿童时代的人格特征变得愈益巩固。一般而言，人在 20 岁时人格的"模子"就开始定型，到了 30 岁时便十分稳定。由于人格的持续性，我们可以从一个人在儿童时期的人格特征来推测其成年后的人格特征以及将来的适应情况。同样也可以从成人的人格表现来推测其早年的人格特征。

人格的稳定性并不排除其发展和变化，人格的稳定性并不意味着人格是一成不变的。人格变化有两种情况。第一，人格特征随着年龄增长，其表现方式也有所不同。同是焦虑特质，在少年时代表现为对即将参加的考试或即将考入的新学校心神不定，忧心忡忡；在成年时表现为对即将从事的一项新工作忧虑烦恼，缺乏信心；在老年时则表现为对死亡的极度恐惧。也就是说，人格特性以不同行为方式表现出来的内在秉性的持续性是有其年龄特点的。第二，对个人有重大影响的环境因素和机体因素，例如移民异地、严重疾病等，都有可能造成人格的某些特征，如自我观念、价值观、信仰等的改变。不过要注意，人格改变与行为改变是有区别的。行为改变往往是表面的变化，是由不同情境引起的，不一定都是人格改变的表现。人格的改变则是比行为更深层的内在特质的改变。一个人如果想改造另一个人，应该明白，这种改变是有限的，因为一个人的人格具有稳定性，正所谓"江山易改，本性难移"。

你属于哪种性格

人的性格各不相同。自古以来，人们就对人的性格类型做了无数的划分，但是由于性格的复杂性，至今还没有对性格的类型有一个公认的分类方法。

一户人家有一对双胞胎儿子，十分可爱，但两人性格大相径庭，一个很乐观，一个却非常悲观。双胞胎的父亲对儿子们的表现甚为担忧。

这天是两个孩子的生日，父亲为了帮他们进行"性格改造"，便分别为他们准备了不同的生日礼物。父亲把乐观的孩子锁进了一间堆满杂物的屋子里，把悲观的孩子锁进了一间放满漂亮玩具的屋子里。

一个小时后，父亲走进悲观孩子的屋子里，发现他坐在一个角落里，正一把鼻涕一把眼泪地哭泣。父亲看到悲观的孩子泣不成声，便问："你怎么不玩那些玩具呢？""玩了就会坏的。"孩子仍在哭泣。

当父亲走进乐观孩子的屋子时，发现孩子正在兴奋地用杂物和废纸堆一个模型。看到父亲来了，乐观的孩子高兴地叫道："爸爸，这是我的新房间吗，我以后可以天天在这个房间玩吗？"

这位无奈的父亲很忧虑：自己的双胞胎儿子怎么如此不同呢？

从某种程度上来说，双胞胎的性格是最相近的，但孪生兄弟何以会有如此大的差别呢？根据公元前5世纪古希腊医生希波克拉底的看法，人体内有四种体液，而这四种体液造就了人们的四种气质，分别是多血质、黏液质、胆汁质、抑郁质。不同的气质，导致了不同的表现。这种分析方法一度是心理学上判断人们特质的依据，人们在情绪反应、活动水平、注意力和情绪控制方面表现出的个体差异是区别于他人的特征之一。

人的气质是先天形成的，孩子一出生，最先表现出来的差异就是气质差异。气质是人的天性，它只给人们的言行涂上某种色彩，但不能决定人的社会价值，也不直接具有社会道德评价含义。气质不能决定一个人的成就，不同气质的人经过自己的努力可能在不同实践领域中取得成就，也可能成为平庸无为的人。

气质本身并没有好坏之分，因为任何一种气质类型都有其积极的一面和消极的一面。例如，多血质的人灵活、亲切，但是轻浮、情绪多变；黏液质的人沉着、冷静、坚毅，但是缺乏活力、冷淡；胆汁质的人积极、生气勃勃，但是暴躁、任性、感情用事；抑郁质的人情感深刻稳定，但是孤僻、羞怯。因而，我们要注意发扬气质中积极的方面，克服消极的方面，这样才能完善自我。

气质	特点
多血质	灵活性高，善于交际，却有些投机取巧，易骄傲，受不了一成不变的生活
黏液质	反应较慢，能克制冲动，严格恪守既定的工作制度和生活秩序；情绪不易激动，也不易流露感情；自制力强，不爱显露自己的才能；固定性有余而灵活性不足
胆汁质	情绪易激动，不能自制；不善于考虑能否做到，工作有明显的周期性，当精力消耗殆尽时，便失去信心，情绪顿时转为沮丧而一事无成
抑郁质	高度的情绪易感性，主观上把很弱的刺激当作强作用来感受，常为微不足道的原因动感情，且持久；行动表现上迟缓，有些孤僻；遇到困难时优柔寡断，面临危险时极度恐惧

这四种气质类型的性格特点如下。

（1）敏感型。这类人精神饱满，好动不好静，办事爱速战速决，但是行为常有盲目性。与人交往中，往往会拿出全部热情，但受挫折时又容易消沉失望。这类人最多，约占40%，在运动员、行政人员和其他职业的人中均有。

（2）感情型。这类人感情丰富，喜怒哀乐溢于言表。别人很容易了解其经历和困难，这类人不喜欢单调的生活，爱感情用事。讲话写信热情洋溢。在生活中喜欢鲜明的色彩，对新事物很有兴趣。在与人交往中，容易冲动，有时易反复无常，傲慢无礼，所以与其他类型的人有时不易相处。这类人占25％，在演员、活动家和护理人员中较多。

（3）思考型。这类人善于思考，逻辑思维强，有较成熟的观点，一切以事实为依据，一经作出决定，能够持之以恒。生活、工作有规律，爱整洁，时间观念强。重视调查研究和精确性。但这类人有时思想僵化、教条，纠缠细节，缺乏灵活性。这类人约占25％，在工程师、教师、财务人员和数据处理人员中较多。

（4）想象型。这类人想象力丰富，喜欢憧憬未来，在生活中不太注重小节。对那些不能立即了解其想法的人往往很不耐烦。有时行为刻板、不易合群，难以相处。这类人不多，大约只占10％，在科学家、发明家、研究人员和艺术家、作家中居多。

影响性格形成的力量

　　每个人的任何性格特征都不是一朝一夕形成的，而是由遗传因素、家庭环境、社会环境、教育因素和自身的实践共同、长期塑造而成的。一个人的社会环境，包括他的家庭、学校、工作岗位、所属社会集团以及各种社会关系等。其中的各种社会关系与生活条件，以及人对它们的反应，也对性格的形成有一定影响。

　　1. 遗传因素

　　生活中常常会有这样的现象：父母和孩子在举手投足、一颦一笑之间有着惊人的相似，像在一个模子中铸出来的。有句俗话概括了这种颇为常见的奇特现象："龙生龙，凤生凤，老鼠的儿子会打洞。"其实，这种现象说奇特也并不奇特，它只不过是说明了遗传和环境对性格形成的特别作用。

　　事实上，不仅父母与子女之间存在着这种奇妙的相似，就是同一父母所生的兄弟姐妹之间，在言谈举止之中也会有或多或少的相似之处，自己不觉得，外人却能一下子发现。

这也说明了遗传对性格的影响。

关于遗传对于孩子性格形成的作用，有所谓的"先天生成说"或"遗传决定说"。它指的是一个人的性格在出生时就已经被决定了，终其一生都不会改变或只是有很小的改变，遗传在孩子性格形成过程中起到了关键性的作用。

支持"先天生成说"或"遗传决定说"的最有力的证据，是家庭系统研究即"家系研究"。它通过观察某家族所有成员是否具有某种共同的特征，来考察遗传对性格形成的影响的程度。这方面的研究结果表明：有些家庭成员普遍有某方面的特殊才能，如德国著名作曲家巴赫家族在连续五代中出现了 13 位创作能力极强的作曲家，17 世纪瑞士著名数学家伯努利家族出了 8 个极其优秀的数学家。

日常生活中，有可能发生这样的现象，有些双胞胎在外貌上很相似，让人几乎不可辨认，在外人看来他们的性格也有某种相似性。这更增加了区分的难度，恐怕除了至亲好友，别人是不能轻易确定站在自己面前的是哥哥还是弟弟，是姐姐还是妹妹。

我们还发现，在一家之中，如果父母成天乐呵呵的，对人总是笑脸相迎，其孩子也必然是笑口常开的人。反之，如果父母成天阴着一张脸，孩子也很少会用好脸色示人，这也是遗传对一个人性格形成的作用。有关遗传对人的性格形成的影响的研究还表明，有的人很善解人意，很体贴他人，善于为他人着想，有的人却满脑子自私思想，一门心思想自己，时时处处以自我为中心。这种个性上的分歧在很大程度上也是缘于遗传。

2. 家庭环境

"龙生龙，凤生凤"，这是强调遗传因素对孩子性格的形成有很大的影响，但是这并不绝对。孩子有可能在个性方面酷似父母，但也有可能不像父母，这就要谈到父母个性对孩子个性的间接影响——通过家庭环境的影响来实现。

家庭环境对孩子个性的影响又可分为积极影响和消极影响。这就要涉及父母两人个性的相互影响、配合问题。

首先，父母个性的相映成趣对孩子个性的形成、发展和丰富具有积极的促进作用。比如父母中有一位是胆汁质气质，另一位是黏液质气质，两种个性刚好形成互补，这样的父母一唱一和，张弛有致，孩子就能从父母的言行举止中感受到家庭的魅力、生活的乐趣、人生的幽默感。生活在这类家庭中的孩子往往会形成乐观、开朗的个性。反之，若是父母的气质类型相同（多血质还好点），一发脾气就大动干戈，温柔起来就情意绵绵，家庭环境也会形成夏日型环境：一会儿狂风暴雨，一会儿晴空万里。这样的个性组合对孩子个性的形成往往具有消极影响。他们往往对父母的行为感到不知所措，再开朗、乐观的孩子也会变成一副坏脾气，沉默、抑郁、苦恼、少年老成。

其次，父母对孩子个性的影响还表现在父母本身的个性影响力上。一般说来，多血质和胆汁质气质的父母比较能吸引孩子的注意力，这两种"外向型"的气质，极大地影响了孩子的说话方式和行为方式，从而使他们很容易形成类似父母的个性。如果父母性格比较沉郁，孩子在沉闷的家庭环境里找不到多少快乐就会把目光投向外界，从周围的环境中寻找欢乐，从而丰富自己的个性内涵，使孩子在未来形成与父母相去甚远的个性。或者孩子在父母的影响下也形成了郁郁寡欢的性格，这对孩子的发展极为不利。

在人生的过程中，家庭是孩子最早接触的教育环境，父母是子女最早接触的教师，因此父母的性格对孩子最具潜移默化的影响。

3. 社会环境

性格的形成与一个人生活的环境有很大的关系，"孟母三迁"的故事是这方面很好的例子。

孟子是我国著名的教育家和思想家，是儒家学派的代表人物。孟子小时候非常调皮，他的母亲为了让他受到好的教育，花了很多的心血。起初，孟子和母亲居住在墓地旁边。孟子就和邻居的小孩一起学着大人跪拜、哭号的样子，玩办理丧事的游戏。孟子的母亲看到了，心里想："不行！这个地方不适宜孩子居住，我不能让我的孩子再住在这里了！"于是就将家搬到了市集旁边。到了市集，孟子又和邻居的小孩学起商人做生意的样子，一会儿鞠躬欢迎客人，一会儿招待客人，一会儿和客人讨价还价，表演得像极了。孟母知道了，就想："这个地方也不适合我的孩子居住！"于是，他们又搬家了。这一次，孟母将家搬到了文庙附近。夏历每月初一这一天，官员进入文庙，行礼跪拜，揖让进退，孟子见了，一一记住。他开始变得守秩序、懂礼貌、喜欢读书。这时候，孟母才高兴地点着头说："这才是我儿子应该住的地方呀！"于是就在这里定居下来了。

生活中我们发现，贫苦人家的孩子懂事早，比别的同龄孩子早成熟，这是由于"穷人的孩子早当家"。生活中我们还发现，某些孩子之所以才能卓越，是因为他们自小就生活在一个有助于他们发展特殊才能的家庭环境中。这些都是环境带来的影响。

在那些一个家族同时产生很多音乐家的例子中，虽说音乐天赋的遗传在其中占了很大的比重，但我们绝不能否认来自音乐环境的熏陶。一个具有很高音乐天赋的小孩，如果生长在一个与音乐完全绝缘的环境中，恐怕也很难在音乐方面有所作为。

生活中，我们可能还有这样的经验，那就是一个从小生活在优裕环境中的人，由于他从来不为一些日常小事发愁，所以很容易形成大度豁达的性格，不会斤斤计较，什么事都放得开，而且有一种包容的气度。在书香门第中长大的孩子，举手投足之间都会透出一种温雅的气质。农村来的孩子其性格中的朴实与憨厚也是掩盖不住的。有良好家教的孩子待人接物有节有礼，对待老人尊爱有加。反之，从小娇生惯养的孩子则可能显得骄横跋扈，让人难以接近。这些都是环境对人的性格发生作用的有力实证。

环境对性格形成的影响还有更多的例子：常与他人交往的孩子在处理人际关系方面有很强的能力，在众人面前显得落落大方。反之，与人交往较少的小孩子多会形成文静内向的性格，拙于与人交往，一说话就脸红，显得忸忸怩怩，不知所措。

4. 教育因素

除遗传因素、环境因素会对人的性格产生巨大的影响外，教育因素也是其中一个不容忽视的因素。

达尔文在童年时代曾被学校认定"是一个很平庸的孩子，远在普通智力水平以下"。达尔文家中有一座花园，他和兄弟姐妹整天在万花丛中玩耍。儿时的生活环境，使达尔文对生物学产生了兴趣。达尔文很爱看书，科学书和文学书都爱看，尤其是《世界奇观》之类，引起了他的幻想，他想去远游，认识世界。为此，学校校长责骂他是"二流子"，父亲教训他："除打猎、养狗、捉老鼠以外，你什么都不操心，将来会玷辱你自己，也会玷辱你的整个家庭。"在这些不良教育的影响下，达尔文逐渐形成了孤僻、不合群、胆小等性格特点。

幸好他的母亲及时对他进行积极的教育，使他终成大师。他的母亲掌握了儿子喜欢自然生物这一心理特点，并且巧妙地运用了它。"比一下吧，孩子，看谁先从花瓣上认出这是什么花。"达尔文比哥哥姐姐认得快，妈妈就吻他一下。这对孩子来说，可以说是一种心理奖赏。当发现一只彩蝶飞来时，妈妈不仅逗引孩子去捉住它，还诱导孩子数出彩蝶翅膀上的各种颜色和斑点，然后又进一步启发孩子去比较蝴蝶之间的异同，一步一步地把达尔文带进丰富多彩的"生物王国"。

正确的教育是引导孩子走上成功之路的关键。许多家长的不正确做法妨碍了孩子才能的发挥。如孩子还很小的时候，就为他们的一生做好了设计。大多数家长更偏重于子女文化知识的学习（智育），而忽视对子女兴趣、爱好的广泛培养。孩子在学习之外表现出来的兴趣和爱好，被认为不务正业。父母不根据孩子本身所具有的特长，让孩子自然地朝着符合自己实际的方向发展，而是按照家长的设想，很早就把孩子放进了一个模型中。这样做的结果只能使孩子的创造性与丰富的才能夭折。同时，生活在这样环境中的孩子，容易形成狭隘、孤僻、自闭等不良性格，对孩子的成长极为不利。

怎样看穿一个人的性格

　　有些人对星座特别着迷，总是会追问别人的生日，然后经过一番仔细的研究比对后再神秘兮兮地告诉对方："原来你是天秤座，那你的性格应该是……""你是白羊座的，你的性格应该是……"听的人有时会觉得自己的性格确实是这样的，从星座看性格还挺准的；有的人则会感觉压根儿就不是这么回事，简直在胡言乱语。不管信与不信，星座与性格的关系还是有一大批人在关注、在研究，并且分析得越来越细。除了星座性格学，还有人非常着迷于从血型看性格、从生肖看性格等。网上也有五花八门、各式各样的性格分析。甚至现在网上还出现了通过宠物看主人性格的测试，你养了什么宠物，就能知道你是什么性格的人，还有通过作息时间来看性格的。养什么样的宠物和作息时间真的能看出一个人的性格吗？人们为何会有探究别人性格的心理呢？

　　无论相信星座还是血型甚至生辰八字，抑或宠物和作息时间，大家的目的都是想弄清楚别人的性格。性格体现了人对现实世界的看法，并用他的行为举止表现出来。性格是在后天的社会生活中逐渐形成的，诸如害羞、暴躁、果断、英勇、刚强等，性格和先天所形成的本性如虚荣、懒惰、贪婪不同。

理查德·怀斯曼是英国赫特福德大学的教授，他曾经利用网络对 2000 多名养宠物的人进行调查，调查内容包括社交能力、情感稳定性和幽默感。通过分析研究结果，他认为：养鱼的人最快乐，更加满足于现状；养狗的人更易于相处；而养猫的人情感纤细敏感，有依赖感；最独立的是养爬虫类宠物的人。

调查还表明，饲养宠物的人和其宠物在性格上基本趋向一致。主人与宠物的性格会随着时间的增加而越来越相近。有 20% 的宠物主人声称自己和宠物的性格有相似的特点，如果饲养宠物超过 7 年，将会达到 40% 的比例。怀斯曼说："这就像夫妻一样，在一起生活得越久，他们的外貌和性格就会越来越相近，主人和宠物在一起的时间越长，两者之间就会越相似。宠物的性格可以在一定程度上反映主人的性格。"

怀斯曼教授是用统计学的方法来研究心理学的原理。心理学中有"相似性效应"，即人们从心理上更愿意接受与自己相似的人或物。就像"物以类聚，人以群分"一样，人们总爱和志同道合的人在一起探讨问题、处理事情。无论是将人的性格分为"开放""尽责""外向""令人愉快""神经质"五类，还是分为"现实型""探索型""艺术型""社会型""管理型""常规性"六类，以及用血型分出的四类和用星座分出的更多类，都是在实验的基础上统计出来的，所以具有一定的科学道理。

怀斯曼教授对作息时间与人性格的关系同样做过研究。他对近400人做过问卷调查，调查结果显示：早睡早起的人不喜欢抽象的概念而喜欢具体的信息，他们的判断来自逻辑推理而非直觉，他们一般拥有内向的性格，具有很强的自制力，希望能够把好印象留给别人；晚睡晚起的人比较独立，喜欢冒险和不守规则，他们对人生的思考充满创意。

为什么一些人有着窥探别人性格的心理？其实他们是想通过了解别人的性格，更容易与别人相处，来赢得别人对自己的信任。性格有好有坏，它受一个人的人生观、价值观、世界观的影响，能够直接反映一个人的处事方式和道德风貌。所以，警察在办案中，也会运用性格分析来探求犯罪嫌疑人的性格，找寻作案的动机。

当你晚上在外散步时，你会很容易和遛狗的人交谈起来，因为你知道养狗的人性格比较外向，容易与之相处。你在追求女孩子时，也可以通过她养的宠物来推断她的性格，进而想怎样取悦她。

虽然说"物似主人形"，心理学家也通过统计认为从宠物性格可以看出主人的性格，但是，这样的性格分析与从作息时间看人的性格以及星座性格学、血型性格学还有其他的性格分析一样，都是从调查统计中获得的结论。虽然这些结论有一定的道理，但这毕竟只是一种靠归纳获得的一般原理。正所谓"龙生九子，子子不同"，大千社会，芸芸众生，根本找不到两个性格完全一样的人。所以，在与人的社会交往中，不能迷信性格分析，把它当作放之四海而皆准的真理。

几年前，世界各国领导人在瑞士的经济论坛上共同探讨全球的重大问题。在会后，人们找到了一位重要的与会者不小心留下的纸条，媒体对此很感兴趣。笔迹专家通过上面的笔迹分析了这个人的性格，最终认定这是英国首相布莱尔在开会时信笔涂鸦留下的。但是，事实是这张纸条并不是布莱尔的，而是微软的创始人比尔·盖茨的。

从一个人的笔迹中看出这个人的性格，是许多人推崇的，不是有人从崇祯皇帝的书法中看出这个人心胸狭隘吗？虽然说从一个人的笔迹中不能准确地看出此人的智力、健康状况甚至犯罪倾向，但还是能大概推测出此人的一些性格。那为什么笔迹专家都失误了呢？这是因为从笔迹看性格也是用归纳的方法得到的一般原理，并不一定适合每个个体，这和从宠物性格和作息时间看一个人的性格是一样的，性格分析有时能大概看出一个人的性格，但并不适用于所有时候和所有人。

可见，在社会中与人交往时，性格分析只是一个参考，我们应该做的是尽量真诚地与人交往，这样才能在交往中游刃有余。

第二章

潜意识的奥秘和力量

潜意识影响你的生活

潜意识，是指人类心理活动中未被察觉的部分，虽然每个人都拥有它，但并不是每个人都能够自如地使用它，因为它是一个"魔鬼"，拥有魔力。你的生活就是被这种奇妙的魔力所围绕着，它会带领你走出痛苦和失败，让你摆脱束缚，获得幸福、自由和辉煌，同时它也会让你走向相反的方向，这就是它的魔力所在。

潜意识一点一滴地影响你，慢慢地叠加在你的生活里，最后将现实生活中的你塑造成你潜意识中的那个你。它保持着中立的立场，你的一切行为，不管好坏，它都会接受，潜意识这样长期累积，就会让你模糊了好与坏、对与错。所以要想改变你的生活，必须先改变你的内心，也就是要开发、改变你的潜意识。

只要你接受了潜意识理论，你就会发现改变现实并不是什么难事，这样你就会积极乐观地面对人生。

如何开发自己的潜意识？

第一，培养潜意识的记忆功能。利用潜意识积累更多的知识和信息，不断地学习新的东西，这样才能让你更加聪明，充满智慧。

为了让记忆更加深刻，你可以采取一些辅助手段，比如不断地学习，多看书、看报纸，拓展创造性思维，协助潜意识为你服务。

第二，训练潜意识的辨别能力。让它为你的成功服务，而不是引导你走向失败的深渊。

这么做是因为潜意识本身不会分辨对错，但同时它又直接支配着人的行为。所以，一个人的成与败都取决于他的潜意识。

因此，要严格地训练自己，多发现和输入有利的信息，让成功的因素占据潜意识的统治地位以支配你的生活；控制可能导致失败的、消极的因素，不要让它们随意地进入你的大脑，它们一出现就立即制止，慢慢遗忘，或者对它们进行批判、改造，化腐朽为神奇。

第三，利用潜意识的智慧，帮助你解决问题。潜意识不仅蕴藏着丰富的信息，而且能够创造出新的概念。很多人苦思冥想得不到答案的某个问题，结果可能在梦中、走路时突然找到了。因此要随时记录灵感，不要让它消失，让它帮助我们走向成功。

第四，不断地进行自我暗示和想象。如果你想要取得成功，就要暗示自己"我会成功，一定能够成功"；想要提高学习成绩，就暗示自己"我学习很好，一定能够取得好成绩"；想要身体健康，就要暗示自己"我身体很强壮，我没有病"。

这样不断反复地确认，你的潜意识就会接受这个指令，你所有的行动和想法就会自动地配合它，朝着这个目标前进，直到实现为止。

如果你重复的次数不够，或者不够坚定，或许就不会有效果，所以一定要不断地重复，这是影响潜意识最关键的一点。想要实现目标，一定要记得重复。

大部分人只注重外部世界，只有得到启发的人才会更多地关注内心世界。其实内心世界是极其重要的，它是人们的思想、感情，是它们造就了人们的外部世界。因此说，内心世界是人的创造力。所以，想要改变生活的外部世界，必须先改变内心。很多人盲目地在外部找原因，却没有弄清楚，真正的问题就在他们的内心。

生活在一个丰富多彩的世界里，人们的潜意识是非常敏感的，每个人都应该知道怎样使用它，它深深影响着人们的思维和习惯，是一切创造的动力，拥有无穷的智慧和财富。

潜意识是情感和思想的根源

潜意识是人们情感的根源。如果想的是好事情，好事就会来找你；如果想的是坏事情，坏事就会找你的麻烦。这就是潜意识，一旦接受了一个指令，它就会执行，无论好坏，这关键就取决于你自己，你要是积极地使用它，你收获的就是成功和美好；你要是消极地使用它，那么你得到的就是失败和不幸。这就是你的潜意识给你的必然结果。心理学家和精神病专家都指出："当思想传递给潜意识时，在大脑的细胞中会留下痕迹，它会立刻去执行这些想法。"

人们所遭遇的不幸，都是他们在内心设想过的，随之印在潜意识里的结果。如果你和你的潜意识进行了错误的交流，那么赶快纠正它吧。给你的潜意识一个全新的、积极的、健康的习惯，让它帮助你改变现实世界。

要知道，人们的内心世界是有无穷智慧的，只要你知道你想要的是什么，坚信它是属于你的，就会慢慢得到它。想象一下，如果你想要的都得到了，你会变成什么样。

人们每分每秒都在建造着自己的内心世界，这是生命最基本的活动，虽然它可能不被别人所知，也不被别人所见，但它却真实地存在着。

　　放暑假了，李明约朋友一起去划船游玩，但是这个朋友却告诉李明他晕船。一路上李明给朋友讲了好多笑话和故事，逗得他兴致勃勃，到了码头，依旧意犹未尽。李明问："你怎么没晕船呢？"谁知话音未落，朋友"哇"的一声吐了出来。

　　这也正说明，心态清沉的人，对自己身体和心理上的抑制力是相当弱的，而暂时的良好外界环境，也能激发他潜意识中最原始的乐观思绪，使他能够忽视心理和身体上的不适。但是一旦他没有把控好，让消极的心态占了上风，那么他的乐观情绪将灰飞烟灭，身体上的不适也会接踵而来。看来，阻碍积极情绪的最大敌人，不是别人，正是自己的内心。人的内心说强大也强大，说弱小也弱小，关键是不要让消极的心态占上风。人应该学会乐观，从乐观的角度去看待自己和周围的事物。

　　古人说：不以物喜，不以己悲。说的就是潜意识中要学会控制自己，不要让小事左右自己的情绪。

　　在生活中，潜意识有时就像个爱捉弄人的魔鬼，有时它能发挥积极的作用，有时它起的是消极的作用，关键是要意识到它的存在，并且尽量让它发挥积极的作用，抵制消极的影响。潜意识能够帮助人走向成功，也能使人陷入消沉，关键看你怎么运用它。

　　要想实现你所希望的，最有效的方法就是借助潜意识。

因此，正确认识潜意识是通往成功的必经之路。在潜意识中注入期望，在现实中就会得到回报。只要你的内心是肯定的，就会逐步实现你的期望。

潜意识的力量是巨大的，当你有意识地去培养自己的潜意识时，它就会日益增强，就像一个拥有魔力的"魔鬼"。潜意识可以让原本弱小的人，在它的支配下，变成心理异常强大的人。

让潜意识帮你建立自信

在生活中，成功者总是能够克服困难，在成功的道路上持续前进。每个人都有成功的权利，别人能做到的你也能做到，只要有信心去追求，就一定可以得到自己想要的。当你足够自信的时候，你的潜意识也很容易被激发出来。

王兴现在是知名的教授、学者和演讲家，人们不仅为他渊博的学识所倾倒，也为他演讲时的魅力和挥洒自如所折服。但是他第一次登台演讲的时候，却十分紧张，想到要面对台下那么多的人，手脚直哆嗦冒汗，心想："要是到时候紧张，忘词了怎么办？"越想越害怕，越害怕越紧张，甚至想就此逃跑。

正当王兴手足无措的时候，他的指导老师走过来，将一张纸塞到他的手里，轻声说道："这上面写着你的演讲要点，如果你一会儿上台时忘了词，就打开看看。"他握着这张纸，就像握着一根救命的稻草，上了台，开始了自己的演讲。

心里有了底，王兴就不慌了，他顺利地完成了此次演讲，获得了观众热烈的掌声。王兴去向老师道谢，老师却笑着说："其实我给你的，只是一张白纸，上面根本没有写什么稿子，是你自己战胜了自己，找回了自信心。"王兴打开纸一看，上面果然什么也没写。他感到很惊讶，手里的一张白纸，竟然在危急时刻给了自己力量，使自己最终获得了成功。原来自己握住的并不是什么白纸，而是自己的信心。也正是这次演讲让他懂得了自信的力量，并且这种力量一直激励他在以后的路上前进。

当人对自己的能力充满自信时，这种自信就变成了人的一种潜意识，并且在日常生活、工作中有意识地鼓励着自己，给自己以信心。久而久之，这种自信的意念会深深地根植到你的潜意识里，当你再面临一些紧急时刻时，潜意识就会发挥作用，出于对自己能力的相信，潜意识里会觉得没有什么大不了，自己完全可以应付得来。

有些人十分害羞，不好意思跟别人说话，甚至也不敢直视别人的眼睛，所以给人的印象是冷淡、说话闪烁其词。其实这种身体语言传递的是一种自卑、胆怯。有时候，你的身体语言传达的意思会给人一些不好的印象，也许你自己并不是想要传达这样的信息，但是你的身体语言却出卖了你。

美国心理学家阿瑟·沃默斯认为，只要将身体语言做些调整，就能产生令人吃惊的直接效果。他使用了面带微笑、身体前倾、友善的握手、眼睛对视、点头等来表现外在印象的亲切、随和。他宣称这将获得友好的回报，陌生人也不再那么可怕了。当然要想变得自信则是一个长期努力的过程，特别是对于一个胆小害羞的人来说，要使自己成为一个敢于尝试新领域、勇于迎接挑战的自信、乐观的人，还需要勇气和恒心！

一个人能够成功，首先是因为他自信，如果能够经常保持这种自信，那么自信也就变成了属于人的一种本能反应，也就是我们所谓的潜意识。

当你想做一件事情时，你会发现"好事多磨""一波三折""人生不如意事十之八九"等古话是多么有道理——确实，这个世界上没有容易的事情，总会有各种各样的困难和波折。完成一件事的难度总是会比我们一开始想象得要大。当你遭遇挫折和打击时，你会变得很脆弱，你会很想放弃，想"下次吧""这次算了吧"，其中最可怕的一种潜意识就是："算了，我做不到。我果然是做不成的。我没戏了……"这种消极的潜意识一旦出现，并且占了上风，人们的放弃那就是兵败如山倒了。

这是非常可惜的。如果在这种时刻，能够自信起来，用积极的潜意识对自己进行鼓励："是挺难的，不过人生不就是这样吗？谁是容易的呢？这件事的确挺难做的，好好努力就成了啊。再试试吧！失败了也没什么，最后能做成功就可以。我看我这个人挺厉害，这件事其实也不过如此。我一定能做成。"

如果一个人在潜意识中充满自信，对自己的能力和未来充满美好的想象，那么这个人成功的可能性就非常大。一个人的能力界限，往往是受自己潜意识中的"能力的尽头"所限制的。当一个人抛弃这种"限制"潜意识，他就能发挥出比以往更强的实力。这种"限制"潜意识，不仅是对自己潜意识的限制，更多是对自己能力的限制，它使人对自我的认知维持在一个界限内，使人的能力局限在这个限制内。打破限制意味着获得自信，也意味着"永无止境"。

鲁昆身高 1.88 米，双腿修长，弹跳出色，16 岁时被教练带入了跳高训练队。教练对他进行精心的培养，安排了一整套训练计划，从体能到爆发力、从理论课到过竿技术无不细心指点。

鲁昆进步神速，3 个月的训练下来，他已经能够越过 1.89 米，成绩足足提高了 20 多厘米。教练非常高兴，因为再提高 1 厘米，自己的弟子就可以打破本市的跳高纪录了。可就是这 1 厘米，却成了无法逾越的障碍。教练想了各种各样的办法，诸如增强弹力、技术更新、补充营养，甚至物质刺激、精神鼓励等，但是两个月下来，鲁昆的成绩正常状况下只能维持在 1.85 ~ 1.89 米。这可把教练急坏了。

这天鲁昆又开始训练了，跳过 1.86 米后，教练直接将横竿升至 1.90 米。按照平时的习惯，横竿总是 2 厘米 2 厘米地往上升。此时，鲁昆并不清楚横竿的实际高度。第一次试跳失败时，教练大声呵斥："怎么连 1.88 米也跳不过去？"鲁昆第二次居然一跃而过！教练心中暗喜：原来心理作用有时大于生理和体能本身。他严守着秘密，直到鲁昆在这种特殊训练下越过 1.92 米时，才将一切告诉他。最终，鲁昆打破了比赛纪录。

很多事情，不是自己能力达不到，就像鲁昆，其实他有足够的能力取得更好的成绩，但是他的不自信害了他，并且这种不自信长时间在他的心里渲染，变成了一种消极的情绪，进而进入他的潜意识，在关键时刻，潜意识就会告诉他：你不行，放弃吧！正是这样，人们事先就给自己埋下了"我不行"的种子，低估了自己的水平。

自信是相信自己能够成功，并坦然面对一切艰难险阻的心理状态，是一种健康、积极的个人品质。自信对每个人都非常重要，无论是面临生活的压力，还是人生的挑战，无论身处顺境还是逆境，自信都可以产生神奇的力量。拿破仑说："如果你想让一个胆小的士兵变得勇敢，只要告诉他，你信赖他，并且相信他是勇敢的，他就会变成一个勇敢的人。"给予他人信心，使他人自信，就可以发挥出他内心的能量。正是因为自信如此重要，所以更需要给自己内心植入这种自信的力量，刻意地锻炼自己，让这种自信转化为一种潜意识，只有这样，你才能够变得真正自信。

人的一生需要走很多路，过很多桥，攀登很多山峰。想要走得更远，就要对自己充满信心，这样才能在成功的道路上看到更多美好的事物或风景。

梦想不断引导潜意识

成功离不开梦想，它会引领你走向未来的发展旅途，它有着惊人的力量，会慢慢地强大起来，它会像变魔术一样，改变你的生活、你的世界。但是梦想的这种力量不是瞬间爆发的，而是需要从小愿望开始，一点点地升华，当你的体内集聚了强大的愿望时，你才能拥有实现这种愿望的强烈欲望和自信。

当回忆自己的童年时，你会惊奇地发现，童年时期的梦想和行为习惯，现在依然存在于内心之中，影响着自己，它会时常浮现，深深地影响着现在的生活。每个人都有童年时代的梦想，有些人的童年梦想可能已经变为泡影，而有些人的童年梦想却开花结果，变成了现实。为什么同样是童年梦想，会有截然相反的两种结果呢？

小威廉姆斯在儿时就说下了大话，她要超越姐姐，事实证明她兑现了自己的大话。20 年前，当威廉姆斯一家还居住在洛杉矶南部的坎普顿贫民区时，经济拮据的父母只能将他们的 5 个女儿塞进只有 4 张床的一间房里。

这也就意味着，年纪最小的小威廉姆斯每晚不得不和她4个姐姐中的一位挤在一张床上。小威廉姆斯最喜欢和维纳斯在一起，从小，这位年长她仅仅15个月的姐姐就是她的最爱。

2007年，小威廉姆斯夺得了澳网赛场上的第八个大满贯女单冠军。小威廉姆斯说："从我小时候开始，即便在我成为职业球员之后，人们总在不停地谈论维纳斯、维纳斯、维纳斯，人们认为我永远也不可能超越她。事实证明人们的预想是错的，超越姐姐就是我努力的动力。"

小威廉姆斯的成功不是靠瞬间的能力爆发，她能够实现自己儿时的豪言壮语，可以看出是通过努力一步步靠近自己的愿望，并最终走向成功的过程。这说明愿望不分大小，也不分时间的早与晚，只要不断地去实现自己的每个小愿望来积累经验和斗志，那么，这种坚持将会变成一种强烈实现自己愿望的潜能。

生活因为有了梦想而变得不同，因为梦想可以让我们不断地拥有更高的目标，不断地向上努力。正如有人所说的，"梦想有多大，舞台就有多大"。但是如果把梦想当成幻想，只想而不去做，那么它将永远只会飘在空中。

爱迪生为人类创造的伟大发明，跟他小时候有着千丝万缕的联系。他小时候只上了几个月的学，就被辱骂为"蠢钝糊涂"的"低能儿"，惨遭退学了。他眼泪汪汪地回到家，要妈妈教他读书，并下决心：长大了，要在世界上做一番事业。爱迪生在家里喜欢捣鼓一些奇奇怪怪的小实验，有时免不了要闹点笑话，出点小乱子。父亲就不许他再搞小实验，爱迪生急得直说："我要不做实验，怎么能研究学问？怎么能做出一番事业来呢？"爸爸、妈妈听了他的话，感动得只好收回"禁令"。

后来，爱迪生果然做出了一番事业，他把小时候的愿望化为了现实，实现了自己定下的一个个人生目标。

爱迪生能够实现自己愿望的力量来自何处呢？当然是来自儿时强烈的愿望。但是这种力量不是偶然出现的，是他从小就在心里埋下的一颗种子。时刻告诉自己：我能行。只有朝着自己期望的方向努力，最后才能够走向成功。这样的一种声音时刻警告自己，久而久之，如果你的潜意识里存在着这种愿望，那么这种愿望就会投射到外部世界。

潜意识有一个很奇特的特点，它没有自己的主观想法，只是负责接收信息，不会帮你整理和挑选。所以，如果你认为自己是一个笨蛋，那么你就是一个笨蛋；如果你认为自己很优秀，那么潜意识就会接收你所发出的这个信息，让它在你的头脑中形成一个具体的概念，逐渐地你就会认为自己越来越优秀。简单地说，就是你选择什么，它就接受什么。给潜意识正确的信息，你就会取得成功；相反，你就会失败。所以千万不要有"我不行"这种想法，这种信息是非常可怕的，它会让你一事无成，甚至跌入失败的深渊。因为潜意识不会分辨真假，无所谓对错。

约瑟夫·墨菲是潜意识心理学的专家，他曾经这样说："如果能灵活地运用潜意识的力量朝正确的方向努力，就能够如你所愿地去操纵命运、愿望、财富及健康，并能走向幸福，我多年来都如此提倡着。"

　　如果想实现自己的愿望，那么，就要从小愿望开始，让自己实现愿望的意识逐渐强大起来。

　　今天想把工作做好，得到老板的夸奖，那么就认真地去完成；最近喜欢上一个女孩，希望她能够成为自己的女朋友，不要退缩，勇敢地去追求和表白；希望自己可以成为一个有钱人，当然，只要你有了明确的规划，这个愿望也不难实现。通过一系列日常小愿望的积累，你慢慢会发现自己根本不用惧怕什么，愿望经过努力都可以实现。

　　不过，需要注意的是，明确自己的愿望很重要。只有符合自己实际情况的愿望才能够有助于自己的发展，如果定的目标或者愿望过大，难以实现，反而会伤害到自己的信心。

抵制消极的心理暗示

其实，所有的消极情绪都是人们自己幻想出来的。假如你去超市买东西，碰巧要买的东西没有了，你会认为自己运气不好；因为合不来，女朋友跟自己分手了，你会觉得自己不适合恋爱；因为工作出了小差错被老板训了一顿，你甚至会认为自己不能胜任这个做了 10 年的工作。试想一下，如果你买的东西有货，是不是就是自己运气好呢？女朋友跟自己分手了，也许是女朋友觉得配不上自己？被老板训了，可能是老板太看重自己，对自己的期望高些？所有的事情都可能是因为客观原因而出现的，但是如果你内心不够强大，不够自信，你可能就把这种偶然的失败归结为自己的无能，从而产生一种"消极"的不良情绪。这种情绪轻则会让自己一错再错，重则会让自己自暴自弃，耽误一生。所以一定要积极地抵制自己心里产生的消极情绪，努力诱发自己的积极情绪，潜意识会告诉你，其实你是最棒的。

有时候听到别人夸奖你能力强，人踏实，你会感到信心十足，而且往往会变得更加能干。别人对你的肯定增加了你行动的动力和期望，你的行为也会尽力去满足这一期望。

拿破仑·希尔说过："自我暗示是意识与潜意识之间互相沟通的桥梁。"也就是说，经常地进行自我暗示，可以将自己的意识转化为潜意识。通过有意识的自我暗示，将有益于成功的积极思想和感觉，深深植入自己的潜意识当中，使其能在成功过程中减少因考虑不周和疏忽大意等招致的破坏性后果。通过自我成功的暗示，可以使自己具有成功力量的意识慢慢转化到潜意识中，成为潜意识的一部分。所以，成功有潜意识的辅助，自然变得更加顺利了。

心理暗示有好有坏，合理利用心理暗示，可以帮助自己成功，让自己实现原本完成不了的事情。如果别人的消极暗示影响了你，你可以用自己的意愿去化解它。因为坏的暗示并不比难闻的气味可怕，只要你愿意，它就可以迅速被消除。但是如果你不能进行自我控制，不能有意识地去抵消和制止这种暗示，它带来的危险有时是致命的。

在一次大雨过后，由于雨水的冲刷，泥土变得很松软，一处矿井受到大雨的冲击而坍塌，把矿井的出口堵住了，6名矿工被困在里面。大家你看看我，我看看你，一言不发。凭借经验，他们知道自己面临的最大问题就是缺乏氧气，最终会导致死亡。在这个矿井里，氧气最多能坚持4个小时。他们要尽可能在获救以前节省氧气，减少体力消耗。他们关掉了随身携带的照明灯，全部平躺在地上。

这时四周一片漆黑，很难估计时间，矿工当中只有一个人戴着手表。因此所有的人都问他："现在几点了？

过多长时间了？还有多少时间？"

戴表的矿工就不断回答时间。嘀嘀嗒嗒，时间一分一秒地过去了，刚刚过去半个小时，大家已经问了十来次了。并且矿工们每问一次时间，就绝望一次，戴表的矿工想：这样下去不是办法，于是他说他每半个小时报一次时间，其他人一律不许再问。

又一个半小时过去的时候，矿工说：半个小时过去了。还有3个小时。这时周围异常地安静。

戴表的矿工想：不行，不能让他们知道时间，这样大家没有被憋死，也要被自己吓死了。于是他隔了一个多小时才说：半个小时过去了。实际上已经过了一个半小时了。

第三次报时的时候，已经接近4个小时了。他说：2个小时过去了。

矿工们虽然焦急，但是毕竟还有2个小时，倒不至于绝望。

但是戴表的矿工越来越感到窒息，他知道已经接近4个小时了。他很难受，害怕自己第一个死去。他偷偷把表向前调了2个小时。他说：我困了，我睡一会儿。你们谁帮我看着表报时。

一个矿工接过了表，没有了表的矿工慢慢地睡着了。

当救援人员找到他们的时候，矿工们的表刚过去3个半小时。但是救援的人都不敢相信，居然只有一个矿工死去了，剩下的全活着——因为实际的时间已经过去5个半小时了——那个死去的矿工，就是那个睡着了的戴表的人。

当你对自己进行积极的暗示时，就能带来积极的影响，你就能发挥出超越平时的水平和能力。同理，当你对自己进行消极暗示时，你的身体就会服从这种暗示，这不仅会使你的内心变得弱小，也会使你的身体遵从内心的暗示而衰弱下去。戴表的矿工谎报时间，给其他队友带来了积极的心理暗示，更重要的是他带给大家的是信心和力量，这种信心和力量使人们坚信：没事，不会死，时间还没到呢。反正现在是肯定没事的。当大家不知道真相，对自己和未来有信心的时候，潜意识认为自己现在不会死的时候，身体也就坚持下去了。积极的心理暗示可以成为一种内心的力量，这需要人们经常培养自己的自信心，只有在日常的事务中经常让自己得到锻炼，自我鼓励，学会不断对自己进行积极暗示，让自己逐渐变得自信起来，那么在危急时刻，才能利用自我暗示的积极能量渡过难关，才能抵制消极的心理暗示，不让自己陷入绝望的泥沼。

积极的心理暗示可以让一个人养成自信、乐观的意识，并且充分地发挥这些有用的意识，久而久之，积极的自我暗示便能自动进入潜意识。

但是具体该如何做呢？

要想将树立成功心理、发展积极心态这个总原则变成可以具体操作的方式和手段，就要通过心理暗示的作用来实现。因为心理暗示是人的自我意识中"有意识"和潜意识之间的沟通媒介。因此要经常通过积极暗示，让自信主动的"电流"

与潜意识接通。

心理暗示的内容是具体的、实际的，要通过选择正确的目标来培养自己的潜意识。例如树立正确的学习目标，这样主要的目标将渗透到潜意识中，作为一种模型或蓝图支配你的生活和工作。

在生活与工作中，懂得使用积极的暗示，可以让事情更美好。所以我们经常要用积极的暗示提醒自己：我是最好的，我能做好这件事情，我一定可以成功。这样才能不断追求更高的境界，获得成功。

让潜意识执行你的愿望

潜意识存在于每个人的心里，你给它什么样的暗示，它都会去执行，不会辨别，也不会转变，所以说它是你愿望的最真实的执行者。潜意识藏在每个人的身体内，它很不容易被发现。它是个固定而活跃的心理程序的"发电厂"，人们通常意识不到，但是在特定的情况下，它又会被激发出来，并且迸发巨大的力量。

当你吃饭的时候，对于比较烫的食物你会本能地吹一吹再放进嘴里；当你看到高空坠落杂物的时候，你会本能地抱起头躲避；当你看到恐怖画面时，会因为害怕自然地闭上眼睛。等你清醒后发现，为什么这些动作自然而然地就发生了？看着自己抱着头的双手，是否觉得自己很可笑？这就是潜意识的作用，是与生俱来的，是人出于自我保护的一种本能。但是也有一种潜意识是可以通过后天培养或者锻炼来改变和强化的，如果能够合理利用这类潜意识，会让你受益无穷。例如，你的潜意识有一个很重要的作用——真实地执行你的愿望。它影响你职业的选择、结婚对象的选择、健康状况的判断以及你生活之中的每件事情，它在你的一生中都发挥着作用。一般人若没有得到特殊专业的协助，根本不可能完全认识自己的这一部分。

经常偷懒和放纵自己，那么潜意识里会滋生一种叫作惰性的东西；经常严格要求自己并坚持不懈，潜意识里就会滋生一种叫作勤奋的东西；经常给自己鼓励和打气，潜意识里就会形成一种叫作自信的东西；经常自怨自艾、临阵脱逃，潜意识里就会形成一种叫作自卑的东西。经常坚持实现自己的愿望，即使是一个个的小愿望，那么久而久之，当你再次需要通过自身的努力去实现自己的愿望时，潜意识会毫不犹豫地帮助你，因为在前几次的时候你都下达了立马行动的指令，那么它就像电脑一样，已经默认了这套程序，会毫无保留地支配你认真地去实现自己的愿望。

韩红的《天亮了》这首歌讲述了一个感人的故事。

一对父母在面对缆车失事的时候，靠两个人的力量举起了自己的孩子。最终他们都死了，却救了自己的孩子。为什么他们可以在如此危急的时候通过这样的方式救下自己的孩子呢？其实，正是潜意识发挥了作用。缆车下降的时候，对于他们而言，最担心的不是自己的存亡，而是年仅几岁的孩子。当这种人类最伟大的本能——父母之爱被激发出来，潜意识就会毫不迟疑地去执行，最终真实地执行了一对充满爱的父母的愿望。

有时候，人类一些邪恶的想法或者愿望，也会被潜意识真实地执行。但是这些邪恶的想法和愿望平时会被深深地埋藏在潜意识里，因此一般人并不知道自己的身上居然会有这些不道德的观念和欲望。如果有人自告奋勇地去告诉他这件事，得来的若不是不相信的嘲笑，也必定是最愤怒的眼神。

是愿望就总会有要去实现它的欲望，当欲望达到一定的程度，就会激发自己的潜意识去执行。这也是为什么一些看似正义凛然的人，却做着见不得人的勾当。也许有时候这些做坏事的人冷静下来也会后悔，正如经常看到被公安机关抓获的犯罪嫌疑人在狱中悔过自新，但是因为他们的恶念在心中积聚太久，当看到时机成熟的时候，潜意识就真实地去执行了，也许是不经过大脑思考的，很多犯罪行为也是这样酿成的。

两个刚初中毕业的少年，不求学业，专门替人"教训"人，随意殴打他人。无知的他们不知道自己的"江湖义气"和所谓的"打抱不平"已经构成了犯罪，最终被依法判刑。

这种青少年犯罪的案件屡禁不止，很大程度上都是由于个人没有树立起正确的人生观和价值观。这也跟父母和老师的教育有关系，当小时候父母不告诉孩子要乐于助人、拾金不昧，孩子偷了邻居的一个苹果父母还说"好"时，那么这个孩子也许日后就会偷别人的汽车。因为他会认为，这样的做法是正确的，等到长大后，这种不良的潜意识已经形成了，因此一旦经过不好的引导，悲剧就发生了。

在日常生活中，要经常给自己灌输一些优秀的思想，培养高尚的情操，树立正确的价值观。这样才会让潜意识认识到你的愿望是正面的，因此也会执行这些好的愿望。

用主观意识去控制潜意识

　　潜意识会根据人的表现而变强或者变弱，也会根据人的情绪产生负面和正面不同的影响。当一个人充满了恐惧、担心和焦虑时，潜意识中的负面力量就被释放了出来，导致意识层面进一步被恐慌、不祥的预感和绝望所包围。但是当你保持健康、乐观的情绪时，潜意识中的正面力量就会被释放出来，你就会更加乐观、坚定和充满自信。潜意识是受主观意识影响的，因为它不反映外在的客观世界，而只与内在的主观世界保持联系。因此，这种主观意识往往可以控制自己的潜意识。

　　如果用轮船来打比方，意识就是领航员，领航员的命令通过话筒传递到动力舱，船员们就开始操作蒸汽机、位置计量器等。但是动力舱内的船工却不清楚自己将要前往什么地方，他们只是各司其职，根据命令行事罢了。一旦领航员下达的是错误的指令，对于船员而言，他们依旧会执行，也许下一秒等待他们的就是触礁。因此领航员选择的方向的正确性直接决定了整艘船的航向和安全。主观意识可以控制潜意识，所以要注意传达正面积极的信号给潜意识，否则就会因为指挥错误而导致错误的潜意识被激发而酿成大祸。

如果你觉得自己很穷，没有钱。那么你真的会变得越来越穷，这是潜意识给自己的选择。如果你说"我买不起车，也没钱旅行，更没钱买房子"，那么，你的潜意识就开始遵循你的命令，也许你这辈子真的都会没房没车。可见潜意识听命于自己的内心选择。

所以要时刻告诉自己，潜意识一旦接受了一个观念，就会真的去认真执行，并将其变为现实。更重要的是，潜意识不像人的主观意识那样可以鉴别，无论这个观念是好是坏，潜意识都会不加选择地接收并同样有力地开始执行。如果这条定律发挥负面作用，那么它就会带来失败、屈辱和痛苦；如果这条定律往正面的方向发挥作用，那么它就能带来健康、成功和富有。因此，要控制自己的意识，把潜意识往积极的方向引导。

在临床医学中，注入积极的潜意识，给予人积极的心理暗示，还可以用来治疗疾病。在心理咨询中，咨询者常采用言语或非言语的手段（手势、表情、动作以及某种情境等）含蓄间接地对来访者的心理施加影响，引导来访者顺从咨询者的意见，从而达到某种咨询目的。

在美国有件很神奇的事情，一位妇女因丈夫突然在车祸中死亡，精神上受到强烈的刺激，伤心过度而双目失明了。但经医生检查，眼睛的结构没有病变，诊断为心理性失明，用了许多方法都没治好。后来进行催眠治疗，催眠师暗示她视力已经恢复，对她说："我数五个数，数到第五个时，你醒来就能看见东西了。"催眠师很慢地数一、二、三、四、五，果真数到五的时候，病人醒来，发现自己的视力已完全恢复。让这个妇女恢复视力的其实是她自己的潜意识。通过催眠术，潜意识得到了正确的引导，从而发挥了积极的作用。

你把自己想象成什么人，你就会按照那种人的行为方式行事。而且，即使你做了一切有意识的努力，即便你具有很强大的意志力，你也不会有别的不配合这种意识的行为。如果自己把自己想象成失败的人，那无论怎样想尽办法避免失败，也必定会失败。这就是"自我意向"心理在发挥作用。一个人的"自我意向"一旦形成，就会变成事实。

心理学家马尔茨说，人的潜意识就是一部"服务机制"——一个有目标的电脑系统。而人的自我意向犹如电脑程序，直接影响这一机制运作的结果。如果你的自我意向是一个失败的人，你就会不断地在自己内心的"荧光幕"上看到一个垂头丧气、难担大任的自我，听到"我是没出息、没有长进"之类的负面信息，然后感受到沮丧、自卑、无奈与无能，而你在现实生活中便"注定"会失败。但是，如果你的自我意向是一个成功人士，你会不断地在你内心的"荧光幕"见到一个意气风发、不断进取、敢于经受挫折和承受强大压力的自我，听到"我做得很好，我以后还会做得更好"之类的鼓舞信息，然后感受到喜悦、快慰与卓越，你在现实生活中便"注定"会成功。因而，个人自我意向的确立是十分重要的，或正或负的倾向是我们的生命走向成功或失败的方向盘、指南针。

　　一个人若想取得成功，并全面地完善自己的意识，就必须有一个适当的现实的自我意向伴随着自己，就必须能接受自己，并有健全的自尊心。你必须信任自己，必须不断地强化和肯定自我价值，必须有创造性地表现自我，而不是把自我隐藏或遮掩起来。你必须有与现实相适应的自我，以便在现实的世界中有效地发挥作用。

　　此外，你还必须认识自己的长处和弱点，并且诚实地对待这些长处和弱点。当这个自我意向完整而稳定的时候，你会有"良好"的感觉，并且会感到自信，会自由地作为"我自己"而存在，自发地表现自己。如果它成为逃避、否定的对象，个体就会把它隐藏起来，不让它有所表现，创造性地表现也就因此受到阻碍，你的内心会产生强烈的压抑机制，且无法与人相处。一个人难以改变他的习惯、个性或者生活方式，似乎有这样一个原因：几乎所有试图改变的努力都集中在所谓自我的圆周上，而不是圆心上。他所尝试改变的都是环境而非心理。但是，自我心理暗示是十分重要的，它可以左右你的一切行为，所以你必须重视自我意向，这样才能通过不断努力，走向成功的人生。

第三章

为什么会产生心理错觉

各种各样的心理错觉

有时候人们也会产生各种各样的错觉，即人们的知觉不能正确地反映外界事物的特性，而出现种种歪曲的现象。例如，太阳在天边和天空正中时，它和观察者的距离是不一样的，在天边时远，而在天空正中时近。按照物体在视网膜上成像的规律，天边的太阳看上去应该小，而天空正中的太阳看上去应该大。而人们的知觉经验正与此相反，天边的太阳看上去比天空正中的太阳大得多。

《列子》中曾有记载：孔子东游，见两儿斗辩，问其故。一儿曰："日初出大如车盖，及日中则如盘盂。此不为远者小而近者大乎？"一儿曰："日初出苍苍凉凉，及日中如探汤，此不为近者热而远者凉乎？"孔子不能决也。两小儿笑曰："孰谓多知乎？"

这里所讲的近如"车盖"，远似"盘盂"的现象，就是错觉现象。

简单地说，错觉就是不符合刺激本身特征的错误的知觉经验。它与幻觉或想象不一样，因为它是对应于客观的和可靠的物理刺激的，只是似乎我们的感觉器官在捉弄我们，尽管这样的捉弄自有其道理。

在日常生活中有着数不清的错觉。除上例中的图形错觉外，还比如一斤棉花与一斤铁哪个更重？许多人会脱口而出，是铁更重。因为人们总是倾向于认为体积小的物体比体积大的物体更重一些，这就是所谓的"形重"错误。再如，听报告时，报告人的声音是从扩音器的侧面传来的，但我们却把它感知为从报告人的正面传来。又如，在海上飞行时，海天一色，找不到地标，海上飞行经验不够丰富的飞行员因分不清上下方位，往往产生"倒飞错觉"，造成飞入海中的事故。另外，在一定心理状态下也会产生错觉，如惶恐不安时的"杯弓蛇影"、惊慌失措时的"草木皆兵"等。

关于错觉产生的原因虽有多种解释，但迄今都不能完全令人满意。这是一个相当复杂的问题。客观上，错觉的产生大多是在知觉对象所处的客观环境有了某种变化的情况下发生的；主观上，错觉的产生可能与过去经验、情绪以及各种感觉相互作用等因素有关。

比较多的解释是从人本身的生理、心理角度出发，比如把错觉归因于同一感觉分析器内部的相互作用不协调或多种分析器的协同活动受到限制，提供的信号不一致。但是，外在因素同样会引起我们的错觉。曾有一个实验，分别从富裕家庭和贫困家庭各挑选 10 个孩子，让他们估计从 1 美分到 50 美分硬币的大小。实验发现，来自贫困家庭的孩子比来自富裕家庭的孩子要高估钱币的大小，尤其是 5 美分、10 美分和

25 美分的硬币。而当钱币不在眼前只靠记忆估测或者把钱币换成相同大小的硬纸板时，则高估情况会急速降低。这个实验形象地证实了在不同家庭环境中形成的态度和价值观对知觉有不可忽视的影响力。

错觉虽然奇怪，但不神秘，研究错觉的成因有助于揭示客观世界的正常规律。研究错觉，可以消除错觉对人类实践活动的不利影响。如前述的"倒飞错觉"，研究其成因，在训练飞行员时增加相关的训练，有助于消除错觉，避免事故的发生。此外，我们还可以利用某些错觉为人类服务。人们能够通过控制错觉来获得期望的效果。建筑师和室内设计师常利用人们的错觉来创造空间中比其自身看起来更大或更小的物体。例如，一个较小的房间，如果墙壁涂上浅颜色，在屋中央使用一些较低的沙发、椅子和桌子，房间会看起来更宽敞。美国宇航局为航天项目工作的心理学家们设计太空舱内部的环境，使之在知觉上有一种愉快的感觉。电影院和剧场中的布景和光线方向也被有意地设计，以产生电影和舞台上的错觉。

错觉的产生是普遍存在的"正常现象"：一方面，只要产生错觉的条件具备，同一个人在任何情况下都会产生同样的错觉；另一方面，在一定的条件下，错觉的产生对任何人来说都是一样的。

对一个人来说，产生错觉是一种正常的知觉。那么，是什么因素导致了错觉的产生呢？原因比较复杂，通常有以下几个方面。

首先，生活环境和条件会影响我们对同一事物的感觉。

同样一餐饭，分别让一个来自贫困家庭的儿童和一个来自富裕家庭的儿童来吃，会吃出不同的感觉：在多数情况下，前者会觉得味道更好，而后者对这个味道的评价则会差许多。同样这两个儿童，因学习成绩较好分别获得 100 元奖金时，前者会比后者感觉得到的更多。

其次，错觉的产生与我们的生理构造息息相关。某些几何图形错觉，可能是视觉分析器内部的兴奋和抑制的诱导关系造成的。这种关系可能会造成视觉上的某些错位现象。

最后，过去的经历也会导致我们对当下的处境产生错觉。人们对事物的知觉是在自己过去经验的基础上形成的，当目前发生的情境与过去的经验相矛盾时，如果仍然按照经验习惯去知觉当前的事物，那么就容易发生错觉。

虽然，错觉的产生是不可避免的，但并不等于说人不能正确地认识客观事物。相反，利用错觉能够帮助我们更好地认识周围的世界。近年来，人们在对错觉现象进行理论研究的基础上，已经将视野转到利用错觉理论进行产品的研究开发上。目前，错觉已经在电影电视、广告制作、服装设计、商品装潢、军事工程等领域得到了广泛应用。这些都将利用错觉的原理，为我们呈现一个更契合我们感官体验的世界。

时光飞逝与度日如年

　　不知道你是否留意过，当你做你喜欢的事情时，你觉得时间过得很快，可以说是时光飞逝；当你做一件你不喜欢的事情时，会如坐针毡，觉得时间过得很慢，似乎都过了一个小时了，可实际上才过了 10 分钟。这是因为你对时间的知觉发生了错误。我们对时间长短的感觉，会因在这个时间内所做的事，而产生不同的错觉。

　　时间错觉是指对时间的不正确的知觉。由于受各种因素的影响，人们对时间的估计有时会不符合实际情况——有时估计得过长，有时估计得过短。

　　一般地，当活动内容丰富、引起我们的兴趣时，对时间估计容易偏短；当活动内容单调、令人厌倦时，对时间的估计容易偏长。当情绪愉快时，对时间的估计容易偏短；情绪不佳时，对时间的估计容易偏长。当期待愉快的事情时，往往觉得时间过得慢，时间估计偏长；当害怕不愉快的事情来临时，又觉得时间过得太快，时间估计偏短。

　　此外，人们的时间知觉还具有个体差异，最容易发生时间错觉现象的是儿童。

人们对时间的错觉容易使人想起爱因斯坦的相对论，关于相对论，爱因斯坦用一个精妙的譬喻，对它进行了简单而恰当的概括。他是这样说的："当你和一个美丽的姑娘坐上 2 小时，你会觉得好像只坐了 1 分钟；但是在炎炎夏日，如果让你坐在炽热的火炉旁，哪怕只坐上 1 分钟，你会感觉好像是坐了 2 小时。这就是相对论。"

和美丽的姑娘聊天，当然是甜蜜的体验，人人都希望它能长时间持续下去；炎炎夏日，在炽热的火炉边烤着，分分秒秒都是煎熬，好像在受刑，就希望它赶快结束。也许正是因为自己的主观愿望和实际情况的比较，使我们产生了这两种截然相反的时间错觉。我们平时所说的"欢乐嫌时短""寂寞恨更长""光阴似箭""度日如年"，也是这种情况的表现。

下面的这个故事会让你更加深刻地体会时间错觉，故事的主人公叫罗勃·摩尔，他这样回忆：

1945 年 3 月，我正在一艘潜水艇上。我们通过雷达发现一支日军舰队——一艘驱逐护航舰、一艘油轮和一艘布雷舰——朝我们这边开来。我们发射了 3 枚鱼雷，都没有击中。突然，那艘布雷舰直朝我们开来（一架日本飞机把我们的位置用无线电通知了它）。我们潜到 150 米深的地方，以免被它侦察到，同时做好了应付深水炸弹的准备，还关闭了整个冷却系统和所有的发电机器。

3 分钟后，天崩地裂。6 枚深水炸弹在四周炸开，把我们直压海底——276 米深的地方。深水炸弹不停地投下，整整 15 个小时，有一二十个就在离我们 50 米左右的地方爆炸——若深水炸弹距离潜水艇不到 17 米的话，潜艇就会被炸出一个洞来。当时，我们奉命静躺在自己的床上，保持镇定。

我吓得无法呼吸，不停地对自己说："这下死定了……"

潜水艇里的温度几乎有 40 摄氏度，可我却怕得全身发冷，一阵阵冒冷汗。15 个小时后攻击停止了，显然那艘布雷舰用光了所有的炸弹后开走了。

这 15 个小时，在我感觉好像有 1500 万年……

惊人的恐怖给人造成了巨大的时间错觉，恐怖的感觉给人带来的不只是"度日如年"。

在一个时间周期内，人们往往感觉到前慢后快。比如，一个星期，前几天相对于后几天感觉慢，过了星期三，一晃便到了星期天。一段假期，前半段时间相对后半段显得慢，当过了一半时间，便觉得越来越快。所以有人说："年怕中秋日怕午，星期就怕礼拜三。"这种现象的原因是：在一段时间的前期，你觉得后面的时间还很多，不着急，就感到时间慢；越到后来，你越感到时间所剩不多，越感到着急，也就觉得时间过得快。

在人的一生中也有这个规律，人在童年时代感到时间过得慢，就像歌里唱的，"那时候天总是很蓝，日子总过得太慢"，因为你觉得以后的时间还有的是。等到长大了，尤其过了 30 岁，就开始感到时间没那么多了，就开始着急，也就觉得时间过得快了。

其实，时间并不像我们想象的那样充裕。在任何时候，珍惜时间都是必要的。

第六感的神奇能力

　　所谓的第六感，就是除了视觉、听觉、嗅觉、触觉、味觉之外的"心觉"。通常我们都是通过感官（五感）——眼（视觉）、耳（听觉）、鼻（嗅觉）、舌（味觉）、肌肤（触觉）来感知外在的世界。但也有一些人提到，我们拥有第六感，能够超感官地感知周围事物。

　　仔细留意一下，我们的生活中，第六感或者说是超能力是普遍存在的。比如，我们走进一个房间，会自觉地感受到哪些地方有问题、有差异，并且从细小的地方，我们就可以感受到一些东西，并能得到一个整体的印象，虽然我们并不能用语言表达出来。或者，我们准备做什么事情的时候，会预料到有什么事情发生，而在我们进行的时候，真的发生了！

　　许多人认为这就是第六感或直觉，它超出了一般的视觉、听觉、触觉等的范围，是神秘的、无法解释的。事实上，直觉和第六感背后是有原因的。

　　首先，相对理性来说，我们身体的感性要敏锐得多。

　　其次，我们的潜意识时刻在帮我们搜集信息，可能在我们还没有察觉的时候，潜意识已经通过这些信息得出结论，并牢记在心。

但是，无论如何，在这些事情的背后，都有大脑无形地运作。我们得到的直觉，更多的是大脑从生活中进行推演的结果，这个过程是在大脑感知区域进行的，而不是认知区域。所以我们并不能理解为什么是这样，但我们却实实在在地觉得会是这样。

关于这个问题，17世纪的哲学家兼数学家帕斯卡说过这样一句话："心灵活动有其自身的原因，而理性却无从知晓。"经过4个世纪，这一观点得到了证实，并且得到了进一步确认。要知道，在我们的思维中，自动的那部分要比主动的部分多很多，我们是难以把握这些自动的思维的。这些自动思维的外显，便构成了生活中的直觉。

同时，生活也为直觉提供了"土壤"。当我们面对一些危险事情的时候，大脑就会从那些已经得到的"生活"中给我们一些警告。比如，当我们害怕某个人的时候，身体就会在大脑的支配下，出现一系列不舒适的信号：起鸡皮疙瘩、手心出汗、胸口发冷、恶心等。反之，如果我们面对某个安全人物的时候，身体就会表现得比较舒适，比如身体感到温暖、肩膀放松，整个身心都会比较轻松舒服。

由此看来，直觉并不是可以呼之即来、随时帮我们作出判断的。直觉需要我们积累一定的生活经验，才能对新情况迅速作出反应。毕竟所有的直觉都不是偶然获得的，是我们长期积累的结果。这就是为什么象棋大师一眼就可以看到什么是关键的棋子，而新手却要经过很长时间的磨炼，才会有这样的直觉。心理学家给我们提供了一些锻炼和启发直觉的小窍门：

质疑日常的思维方式和对传统问题的处理方法。

回忆自己的经验。

有勇气去冒险。

随身携带一个小本子，捕捉自己瞬间的猜测，记下来。

让思维紧张。

与其他人交流。

详细地陈述问题。

总之，第六感或直觉也是感官功能的一种，如果我们能科学对待，努力训练，让自己的感知能力更全面、更敏锐，那么当我们处于两难之中，用知性和理智难以解决问题的时候，也许直觉可以派上用场，帮我们作出一个真正符合自己心理需求的选择。

缺点会被无限夸大

有时候，人会把自身的一个小缺点无限夸大，并为此烦恼不已，严重影响自己的正常生活和工作。其实，很多时候，这些缺陷只是我们的一种错觉，是某种心理因素在作祟，是我们的心理作用让事情不断恶化。

于小姐，相貌虽然说不上百里挑一，但是也很不错了。她有江南女孩子的苗条秀美，整齐端庄的服饰，端正的五官。不过她总觉得自己的眼睛一大一小，并为此烦恼了很多年。若仔细看她的两只眼睛，的确大小稍稍有异，不过差别很小。实际上，如果仔细看，大多数人的眼睛都有一点点差异，所以她的眼睛应该说完全正常。

可是，她总是担心眼睛大小的差异会影响视力，在看书或其他需要用眼的时候，她就会注意感觉"这两个眼睛的感觉"，看两个眼睛的感觉"是不是相同"。这样，她看书的效率大幅度下降，看一页杂志对她来说都是一件很困难的事情。

她曾经找过眼科医生，医生反复向她保证她的眼睛完全正常，为了让她放心，还对她的眼睛做了详细的检查。她也知道按道理应该没有问题，可她还是没有办法抛弃"眼睛大小不同会影响视力"这个想法。而且她感觉症状越来越明显，最后甚至连东西都看不清了。

为什么会出现这么奇怪的症状呢？于小姐和家里人都感到不解，最后于小姐走进了心理咨询室，才找到了问题的根源。

其实，很多人的烦恼都来自内心的某种焦躁或者忧虑的情绪，并且一些怪异的行为都指向一个确实存在但不为当事人所知的目的。带着这种观点，心理医师试着了解于小姐的生活和最近的心理状态。

医师发现，于小姐对一切的期望值都很高：本希望自己考上好大学，结果只读了一个大专；本希望找一个高学历的丈夫来补偿自己的不足，但是丈夫的学历比自己还低，而且在其他方面也不能令自己满意；此外，近期她和丈夫产生了很多矛盾，她比较任性，丈夫在婚前对她百依百顺，但是在婚后就不同了，她感到丈夫对她态度越来越不好；在工作中，她也面临着许多压力。比如她正在准备一个很重要的进修考试，有些书需要读，可是偏偏在这个时候，她又开始想眼睛大小的问题了，以至于无法专心读书。

总之，从于小姐的描述中，可以看到她的生活充满压力，压得她喘不过气，而她又总是无法放弃对自己、对别人的高要求。于是，现实让她感到不满，因此她也无比烦恼。

她不愿意面对自己的婚姻正濒临破裂的事实，也不愿意面对自己在工作中不可能达到自己希望的样子这个事实。所以，她的眼睛问题实际上是她无意识中找到的一种回避这些问题的港湾。一天到晚纠缠在眼睛的大小上，她就没有时间去想学历、婚姻和工作压力。这是一种逃避。她不敢抛弃这个痛苦的烦恼，因为眼睛的痛苦烦恼是回避更大痛苦烦恼的唯一方法。

一旦消除了关于眼睛问题的烦恼，不需要再想眼睛问题，她就不得不面对这些比眼睛问题更让人难以承受的现实。但是，要知道回避问题虽然可以一时减轻心理压力和焦虑，但是问题依旧存在，它带来的压力也依旧存在。

这种情况下，要想让症状有所缓解，一方面要鼓励她抛开眼睛的问题，支持她直面生活中真正的难题并找到解决方法。一旦解决了这个难题，眼睛问题就可以不药而愈了。另一方面要帮助她重新找到属于自己的骄傲，做一个自信的女人。很多女性之所以会对外貌感到烦恼，很大原因是缺乏自信和安全感，担心自己不漂亮会被世界所遗弃。其实这都是不必要的忧虑，对女性的身心健康毫无益处。

直觉的来源依据

我们在观察和认知事物的过程中，通常会受颜色和形状的影响。一般情况下，我们会凭直觉进行判断，选出自己中意的商品。不过，每个人的直觉"依据"都有所不同，有人受形状的影响比较大，有人则受颜色的影响比较大。前者被称为"形型人"，后者被称为"色型人"。

小洋洋四五岁的时候，对色彩特别敏感，母亲给他买了一整套的涂色画册和各色彩笔，他十分高兴。每天他都在画册上涂涂抹抹，乐此不疲，甚至连家里干干净净的墙面也成了他色彩涂鸦的广阔天地。

但奇怪的是，随着小洋洋逐渐长大，他的喜好有了一百八十度的转变。他对彩色图画的兴趣正在慢慢变淡，开始喜好上素描、漫画，也不太追求五颜六色，一根铅笔他也能画得不亦乐乎。并且，在他的涂鸦作品中，也出现了各种各样的图案。

小洋洋为什么会出现这种"成长的变化"呢？其实，这是正常的知觉发展过程。

根据现有的研究结果可知，人类的大脑在发育过程中，对颜色的认知要早于对形状的认知。一般来说，9岁以下的儿童大部分属于色型人，他们对色彩相对敏感，能迅速地记住各种颜色，并试图将其表现出来。色彩，是这个阶段的儿童认识外部世界的最直观途径。但到了9岁左右，大多数儿童会转变为形型人，他们开始被形状吸引。形状取代色彩，成为他们观察世界的重点。这种转变将一直持续到成年后，因此，大多数成年人都属于形型人。

　　当然很多时候，对色彩或形状的"偏爱"也会因人而异。比如，选择一件商品时，如果功能、品质、价格完全相同，我们会根据什么作出选择？是颜色，还是形状？答案并不总是偏向形状。

　　有心理学家对此做了相关的调查研究，结果表明，男性中形型人略多，而女性中色型人稍多。从年龄段上进行分析，二三十岁的女性中色型人居多，尤其是30多岁的女性，色型人的比例达到70%。可见，成年女性中色型人的比例较高。对此，心理学家的解释是，日常所见的事物对大脑的发展会产生刺激，而现代社会中，色彩比以前要丰富得多。身处色彩缤纷的世界中，人对颜色也会变得敏感，色型人也因此增加。

　　在实验调查过程中，心理学家还发现了一个有趣的现象：假如一个人的主要工作是绘制色彩丰富的图案，那他与颜色相关的脑细胞一定相对发达。而长年看某种特定形状的人，对该形状产生反应的细胞自然发展迅速。

　　可见生活环境和自身经历，也会影响大脑对色彩和形状的敏感度。其实，对环境作出反应的这种大脑系统，并非人类的专利。有实验表明，在正常环境中喂养动物，动物对各种光的刺激作出反应的细胞均得到发展。在竖条纹的房间中喂养动物，动物只有对竖条纹作出反应的细胞得到发展，而对横条纹作出反应的细胞几乎不存在。

这就是为什么生活环境相同的人，比如夫妻、兄弟姐妹、朋友同事，多属于同一类型。因为生活环境相同的人，常常看到的都是一样的颜色和形状，对颜色和形状产生反应的细胞发达程度也大体相当，从而产生了对色彩或形状相类似的偏好。

我们的成长经历和生活环境影响了我们对色彩和形状的感知。那么反过来，对色彩或形状的感知又会对我们自身的成长产生什么样的影响呢？色型人和形型人之间又有什么差别呢？很多心理学家进一步研究了这两类人的性格差异。

德国精神病理学家恩斯特·克雷奇默在性格分析研究领域颇有建树，而他的学生们则对色型人和形型人的性格差异进行了研究，并搜集到大量有价值的数据。根据他们的研究成果可知，容易受形状影响的人不善言谈，社交是他们的弱项；而容易受颜色影响的人，性格开朗，善于交际。

但是，也有持相反意见的，认为色型人趋向内向，神经敏感，形型人则性格爽朗。对于这些认识上的差异，我们不必深究。重要的是，了解其中的原理，并能在平时的生活中，有意义地去提高对色彩和形状的感知，尤其是在幼儿的培养和智力的开发过程中，多让孩子接触五颜六色的东西，多给孩子玩不同形状的玩具，这些都有利于刺激他们的大脑对色彩和形状的感知，促进其智力的发育。

似曾相识的感觉因何而来

在我们的生活中，不管是看人、看事还是看景，经常会有"似曾相识"的感觉。也就是说，在现实环境中（相对于梦境），我们会突然感到自己曾经亲身经历过某种画面或某些事情。在心理学上，这种体验被称为"既视感"。

> 看过《红楼梦》的人，应该都记得宝玉与黛玉第一次相见的场景：
> 宝玉看罢，笑道："这个妹妹我曾见过的。"
> 贾母笑道："可又是胡说，你又何曾见过她？"
> 宝玉笑道："虽然未曾见过她，然我看着面善，心里就算是旧相识，今日只作远别重逢，未为不可。"

宝玉在黛玉身上找到似曾相识的感觉，这种经历其实几乎在我们每个人身上都发生过。有些人即使第一次见面，却莫名地觉得亲切和熟悉，仿佛已经认识很久了。为什么会出现这种情况呢？是不是真如一些人所说的存在前生往世呢？

关于这种体验出现的原因，前生往世我们无法做考究，倒是医学家和心理学家作出了下面一些解释。

首先，似曾相识源自大脑的错误储存。医学上对"似曾相识"有这样一种解释：每个人的大脑都会有一个记忆缓存区域，当你看到一些事情的时候，会把这些记忆先放到缓存区里面。但有时候，大脑会把这些记忆储存到错误的地方——历史记忆区。于是当我们看着眼前的事情，就会感觉自己好像看到过一样。尤其当我们疲劳的时候，这种现象更容易发生。

其次，似曾相识是过去的记忆惹的祸。心理学家认为，似曾相识感的出现可能是因为我们接收到了太多的信息而没有注意到信息的来源。生活中，我们所经历的事情很多，有的我们会刻意记下来，但有的我们却不会在意，这些记忆就变成了无意识的记忆。而当我们面对新的事物和情景的时候，这些事物会刺激我们储藏在大脑里的一些记忆，让我们曾经经历的记忆与现状进行匹配，于是似曾相识的感觉便产生了。

最后，似曾相识是现实与虚拟信息的产物。有一些心理学家也认为，我们未必都真的经历过那些"相匹配"的事情。但是，我们做过相匹配的梦，看过相匹配的小说、电视剧、电影，它们通过各种虚拟的场景，给我们提供"相匹配"的信息。于是，当我们在面对一些与这些虚拟信息相符合的场景的时候，便会突然想起我们忘记的梦，或者是忘记的小说、电视剧、电影的情节。这样，便产生了似曾相识的错觉。

这也就是为什么那些经常在外旅游的人、喜欢电影小说的人和想象力丰富的人，似曾相识的感觉在生活中会来得更加频繁，因为他们的信息来源要远比其他人多。

除了以上这些人容易产生似曾相识的感觉，有关研究结果还发现有以下特点的人，也比其他人更容易出现似曾相识的情况。

一方面，情绪不稳定的人更容易出现似曾相识的感觉。这是因为与情绪相关的记忆更容易被记住。所以，曾经的恋人在很多年后，还记得分手前说过的话、经历的事，甚至连一个动作也历历在目。

另一方面，青年人和更年期的人，相对于年幼和年老的人，更容易出现"似曾相识"的感觉。这和人体的内在状况有很大关系，由于内分泌剧烈变化，情绪不大稳定，记忆也就变得活跃起来，那些无意识的记忆，不需要去想，就可以清晰地映现在我们的大脑里。

值得注意的是，过于强烈、过于频繁的"似曾相识"并不好，它意味着储存记忆的脑细胞正遭受着强烈刺激，而这很可能是癫痫的前期症状。所以，在我们的生活中，要细心体察自己的情绪和感觉，学习相关的心理学知识，当出现奇怪的感觉时，可以科学地给自己一个解释。就像对待似曾相识的感觉，既不要将其说得玄乎其玄，也不要忽略其存在，如果频繁出现这种感觉，及时咨询有关心理专家是最安全的做法。

第四章

大多数人实际上并不理性

源于好奇的潘多拉效应

无法知晓的事物，比能接触到的事物更有诱惑力，也更能强化人们渴望接近和了解的诉求，这是人们的好奇心和逆反心理在作怪。

古希腊神话中的普罗米修斯盗天火给人间后，主神宙斯为惩罚人类，想出了一个办法：他命令火神赫菲斯托斯制作了一个美丽的少女，让神使赫耳墨斯赠给她能够迷惑人心的语言技能，再让爱情女神赋予她无限的魅力。她被取名为潘多拉，在古希腊语中，"潘"是"一切"的意思，"多拉"是"礼物"的意思，她是一个被赐予一切礼物的女人。

宙斯把潘多拉许配给普罗米修斯的弟弟耶比米修斯为妻，并给潘多拉一个密封的盒子，并叮嘱她绝对不能打开。

然后，潘多拉来到人间。起初她还能记着宙斯的告诫，不打开盒子，但过了一段时间之后，潘多拉越发地想要知道盒子里面究竟装的是什么。在强烈的好奇心驱使下，她终于忍不住打开了那个盒子。于是，藏在里面的一大群灾害立刻飞了出来。从此，各种疾病和灾难就悄然降临世间。

宙斯用潘多拉无法压抑的好奇心成功地借潘多拉之手惩罚了人类。这就是所谓的"潘多拉效应"，即由于被禁止而激发起欲望，导致出现"小禁不为，越禁越为"的现象。通俗地说，越是得不到的东西，就越想得到；越是不好接触的东西，就越觉得有诱惑力；越是不让知道的东西，就越想知道。

心理学家普遍认为，好奇心是求新求异的内部动因，它一方面来源于思维上的敏感，另一方面来源于对所从事事业的热爱和专注。而逆反心理是客观环境与主体需要不相符时产生的一种心理活动，具有强烈的情绪色彩。形成逆反心理的原因比较复杂，既有生理发展的内在因素，又有社会环境的外在因素。一般地说，产生逆反心理要具备强烈的好奇心、企图标新立异或有特异的生活经历等条件。

"潘多拉效应"在现实生活中普遍存在。例如，收音机里播放的评书节目，每次都在最扣人心弦的地方停下，留下悬念，以使听众在第二天继续收听。

知道了这点，我们就可以变得更"聪明"一些：如果有人故意吊我们的胃口，我们要保持冷静、不为所动，避免受"潘多拉效应"的影响。例如，捂紧钱包，不被商家的"饥饿营销法"蛊惑。但是，如果对方是善意的，故意卖关子是为了给你一个惊喜，那么，你就要积极"配合"，否则会很扫兴。

其实，在日常生活和工作中，我们除了被动地受"潘多拉效应"的影响，还可以主动地运用"潘多拉效应"来达到自己的目的，或是避开"潘多拉效应"，以免出现事与愿违的结果。

日本小提琴教育家铃木创造过一种名为"饥饿教育"的教学法。他禁止初次到自己这里学琴的儿童拉琴，只允许他们在旁边观看其他孩子演奏，把他们学琴的兴趣极力地调动起来后，铃木才允许他们拉一两次空弦。这种教学法使得孩子们学琴的热情高涨，努力程度大增，进步也就非常迅速。

"潘多拉效应"在我们的生活中普遍存在，了解其原理后，可以带给我们更多的启示。

为什么多数人都会随大流

　　在物质丰富的当今社会里，满足了温饱之后，各地依然会出现哄抢食盐、哄抢药材等现象。人们为什么要哄抢？哄抢中，人们的心理发生了怎样的变化？

　　哄抢者往往把自己的行为归咎于社会和他人身上。当哄抢者在分析参与哄抢的原因时，总是喜欢说"随大流"和"法不责众"。这个过程在心理学上叫作"归因"，即归结行为的原因，"我为什么要做这件事情"。归因不仅是一个心理过程，也是人类的一种普遍需要。因而每个人都可以被看成业余心理学家，每个人都有一套从其本身经验中归纳出来的行为原因与其行为之间的联系的看法和观念。

　　从哄抢者个人角度来说，社会中孤独的个体为了生存的需要，自然而然地会形成一种依赖群体的心理，在这种心理的影响下，就会产生一种被称为"群集欲"的愿望。当个人具有严重不安感和挫折感时，更容易受到不良信息的暗示。因此，个人不仅会以一种本能心态加入各种社会团体，而且很容易产生一种参加到聚集的群众中的意愿，与聚集的人群共同行动。

从众心理是人类的一个思维定式，是在群体压力下在认知、判断、信念与行为等方面与群体中多数人保持一致的现象。

从众行为有时虽然不是按照个体本意作出的，却是个体的自愿行为。内心具有安全感的个人一般不至于参加聚众而共同实施行为，只有那些具有严重不安感和挫折感的个人，才有这样的欲望，其目的就在于想在聚集的人群中寻求某种安全感和发泄心中的挫折感。

由于多数个人在聚众之中产生交互作用的关系，聚众后所体验的不安感与挫折感比单独的个人所体验的要大得多。在这种情况下，当有人向这种具有严重不安感和挫折感的个人提出某种指示时，他最容易接受，并且把这种指示变成自身的目标，表现出带有激进色彩的情绪波动。

哄抢事件其实还反映出更深刻的社会心理原因。比如人们对生活的满意度与社会发展的现实并不一致，哄抢油的人并不缺油。整体说来，趋利避害是人类行为的基本原则，是人类普遍存在的心理。人们都本能地企图在交换中获取最大收益，减少代价，交换行为本身就变成了"得"与"失"的对照。如果收益与代价平衡，互动得以维持；反之，如二者不平衡则互动难以长期维持。

人们在衡量自身得与失的关系时，就形成了"满意度"。满意度的高低，跟现实中金钱、名誉的得失并不一定是统一的，它更多的是一种自我体验。同样的处境，不同的人有不同的满意度。钱多的人不一定自我满意度高，穷人也有自己的幸福生活。也就是说，在日常生活中，人们并不是一直以物质作为交换的，也会顾及精神的交换。

　　社会激烈变化和转型期间的特殊情况，对人们心理造成了巨大压力。当人们把所有问题的原因都归咎于社会和他人时，"趋利"心理就会让个体放大不满意的自我体验，感到自己获取的利益少了，满意度开始下降。同时，个体在归因过程中，对有自我卷入的事情的解释，带有明显的自我价值保护倾向。"避害"心理让哄抢个体认为自己只是在捡撒落的人民币，对自己并不会有任何坏处。

　　因此，在明知一件事情是违法或犯罪的时候，一个人可能不会去做。但是如果一群人中有人已经做了，并且在当时只能看到获益而没有产生相应后果的时候，人们就会产生非理性思维，最终"捡拾个体"组成了"哄抢群体"，造成了社会的不和谐。

　　哄抢中，人群体现出对物质的过度追求的嫉妒、敌对心理，体现出个体缺乏自身修养的程度正在上升，这个状况是非常令人担忧的；哄抢后，人们对"法不责众"的自我保护心理，如果处理不当，会给其他人产生不良的模仿、暗示和社会感染，具有消极的意义。有专业人士指出，人们的心理卫生健康状况是构建和谐社会的关键，哄抢事件引发的深思表明，对大众的心理卫生健康辅导迫在眉睫。

总买没用的东西

购买决策占据了我们日常生活决策的很大比重。通常，我们总认为自己在判断是否购买某件物品时衡量的是该物品对自己的效用，也就是说这件物品有没有用。可是仔细想一想，你买的东西都是真的有用的吗？你会买没用的东西吗？

冬天即将来临，李雷和爱人商量，打算买一套新羽绒被。他们打算买豪华双人被，这种款式的被子无论尺寸还是厚度对他们而言都是最合适的。进了商场后，他们惊喜地发现这里正在做活动，原价分别是450元、550元和650元的普通羽绒被、豪华双人被、超级豪华双人被，这3种款式现价一律为400元。

在这样的情况下，一般人会觉得用同样的价钱，买下原价更高、貌似质量和款式也更好的东西是很值得的。于是，本来是打算买豪华双人被的，不论是尺寸还是厚度，这种被子都是最适合他们两个人用的。但是，买超级豪华双人被让他们觉得得到了250元的折扣，这是多么合算啊！所以，他们买了超级豪华双人被。

但是，两人没有高兴几天，就发现超级豪华双人被很难打理，被子的边缘总是耷拉在床脚。更糟的是，每天早上醒来，这超大的被子都会拖到地上，为此他们不得不经常换洗被套。过了几个月，他们已经后悔当初的选择了。

　　很多时候，我们的"合算的"交易是否也会如同这对夫妻一样呢？我们是不是也会因为一些因素的影响而改变了自己原本的初衷呢？

　　理性地说，我们在决定是否购买一样东西时，衡量的是该物品给我们带来的效用和它的价格哪个更高，也就是通常所说的性价比，然后看是不是值得购买。既然从实用性来讲，三种被子中，给我们带来满足程度最高的是豪华双人被，而且它们的价格也没有什么区别，我们当然应该购买豪华双人被。可是当我们作购买决策的时候，我们的"心理账户"里面还在盘算另外一项——交易带来的效用。所谓交易效用，就是商品的参考价格和商品的实际价格之间的差额带来的效用。通俗点说，就是合算交易偏见。这种合算交易偏见的存在使得我们经常作出欠理性的购买决策。

　　交易效用理论最早由芝加哥大学的萨勒教授提出。他设计了一个场景让人们来回答：如果你正在炎热夏季的沙滩上，此刻你极度需要一瓶冰啤酒。你想让好友在附近的杂货铺买一瓶，这时，你想一下杂货铺里的啤酒要多少钱你可以接受。然后实验者又把"沙滩附近的杂货铺"这个地点换了一下，改成了"附近一家高级度假酒店"。因为这瓶啤酒只是你自己请朋友帮忙带来的，而自己并没有真正地处于售卖啤酒的环境中。也就是说，啤酒仍旧是那瓶啤酒，无论是舒适优雅的度假酒店还是简陋狭窄的杂货铺，这些环境都与你无关。那么，在这样的设定中，同样的一瓶冰啤酒，人们会因为地点的不同而作出不同的选择吗？

结果显示，人们对待高级场所的商品价格总是很宽容的，同样的商品，在这样的环境下，哪怕自己并不是真正地处于那样的环境，人们也愿意花费更高价钱。换句话说，如果最后朋友买回的啤酒，被告知是从度假酒店里花了 5 元钱买回来的，你一定会很高兴，因为你不仅享受到了美味的啤酒，还买到了"便宜货"，因为你可能一开始的心理定价是 10 元，你觉得这瓶啤酒实在是太值了！但是，如果朋友说是花了 5 元钱从杂货铺买来的，你会觉得吃亏了，因为你一开始的心理价位是 3 元钱，最后的花费比预想多用了 2 元，这样，虽然喝到了啤酒，心里却是不怎么高兴，因为此时你的交易效用是负的。可见，对于同样的啤酒，正是由于交易效用在作怪，而引起人们不同的消费感受。

合算交易偏见和不合算交易偏见使得我们作出欠理性的决策。理性的决策者应该不受表面合算交易或无关参考价的迷惑，而应真正考虑物品实际的效用。将物品对我们的实际效用和我们要为该物品付出的成本进行比较权衡，以此作为是否购买该物品的决策标准。

如果我们想少几分正常多几分理性，我们应当只考虑商品能够给我们带来的真正效用和我们为此所付出的成本。

炫耀心理为哪般

为什么有的时候标价越高，购买的人越多？"成本一二十元的东西，进口后却要卖三四百元，这就是目前进口红酒的经济学。"在法国经商多年的陈元这样说。

有人透露，一瓶价值 20 元的洋红酒，各种费用加起来，到岸成本也才 30 元左右，之后的仓储和本地运输、人工费用合计也才 2 元，售前成本大约 32 元。但是，到了经销商那里，则以 80 元左右的价格卖出去，经销商有 50% 的毛利。而到了超市或商场之后，就会再加价 10% 到 15% 销售，到消费者手中就成 100 元左右了。而一旦进入西餐厅，则按经销商供货价的 2～2.5 倍卖给消费者，进入酒店的红酒，身价更陡增 3～4 倍，售价可达 300 元左右。现在的葡萄酒市场，由于消费者对葡萄酒定价缺少概念，一些商贩基本上是随口定价，且一般定高价。最奇怪的是，葡萄酒反而越贵越好卖。

当我们在购物时，看到同一类产品，我们一般会选择相对昂贵的，因为从内心来讲，我们比较认可昂贵事物的质量和价值，即多数情况下，我们会认为贵的就是好的。所以，同样的东西，反而是越贵越好卖。其实，按理来说，便宜的东西不才是更让人有物美价廉的满足感和成就感吗？为什么许多人又要反其道而行之呢？这种让人百思不得其解的现象又应该怎么解释呢？

这一现象曾引起了美国著名经济学家凡勃伦的注意，他在其著作《有闲阶级论》中探讨了这个问题。因此这一现象——价格越高越好卖——被称为"凡勃伦效应"。

凡勃伦效应表明，商品价格定得越高，就越能受到消费者的青睐。这是一种很正常的经济现象，因为随着社会经济的发展，人们的消费会随着收入的增加，逐步由追求数量和质量过渡到追求所谓的品位和格调。

而凡勃伦把商品分为两类，一类是非炫耀性商品，另一类是炫耀性商品。非炫耀性商品仅仅发挥了其物质效用，满足了人们的物质需求。而炫耀性商品不仅具有物质效用，而且能给消费者带来虚荣效用，使消费者通过拥有该商品而获得受人尊敬、让人羡慕的满足感。鉴于此，许多人会毫不犹豫地购买那些能够引起别人尊敬和羡慕的昂贵商品。所以，许多经营者瞄准了人们的这个消费心态，不遗余力地推动高档消费品和奢侈品市场的发展，以从中牟利。比如凭借媒体的宣传，将自己的形象转化为商品或服务上的声誉，使商品附带上一种高层次的形象，给人以"名贵"和"超凡脱俗"的印象，从而增强人们对商品的好感。

就是这个原因，造就了炫耀性消费——价格越贵，人们越疯狂购买；价格便宜，反倒销售不出去。比如，在服装店里，标价太低，可能会让人觉得没档次，从而让它在那里落满灰尘，但若在价签上的数字后面加个 0，或许就会有人问津。

那么，面对这种商品牟取暴利的情况，我们又要怎样做呢？

首先，要打破"便宜没好货"的心理。我们在购买东西时，要学会关注产品本身的质量。如果我们能够分辨普通商品的好坏，那么就可以大致相信自己的判断。但是，如果是较为昂贵的高档产品，最好有专业人士陪同购买，千万不要抱有"贵才是真理"的心理，这样，可能就会被当成"肥羊"给"宰"了。

其次，我们要做理性的消费者，尽量克制自己的感性购买，不要一冲动就甩出去大把人民币，更不要被"花花广告"等宣传造势蒙蔽。

越禁止，越禁不止

日本著名作家渡边淳一在他的《男人这东西》中写道："男人的爱往往是相对的。眼下最爱这个女人，但是，不久第二位、第三位会相继出场。不论她多么出色，男人总免不了偶尔心有旁骛，希望更有新人。"

张爱玲在小说《红玫瑰与白玫瑰》里说：男人的心目中往往有两种女人，一种是红玫瑰，一种是白玫瑰。得到红玫瑰的，白玫瑰则成了"床前明月光"，可望而不可即，红玫瑰则成了墙上的"蚊子血"；而得到白玫瑰的，红玫瑰成为心中永远的"朱砂痣"，白玫瑰则成为"衣服上的饭粒"。

生活中，有些家长总是喜欢禁止孩子做这做那，如不让读不健康的书，不让早恋，不允许玩游戏、网络聊天，等等。但是如果一味地严厉禁止，而不讲明利害，就容易让孩子产生逆反心理，激发孩子的好奇心，使他们在好奇心的驱使下甘冒风险去咽下那些苦果，这反倒使教育走向了反面。

其实，在生活中，这样的情况也很常见。比如，历代统治者经常把他们认为是"海淫海盗"的书列入禁书之列，如我国的《金瓶梅》和西方的萨德、王尔德、劳伦斯等人的作品。但是被禁不但没有使这些书销声匿迹，却使它们名声大噪，使更多的人挖空心思要读到它们，反而扩大了它们的影响。

这样的现象，我们称为"禁果效应"。越是被禁止的东西或事情，越会引来人们的兴趣和关注，使人们充满窥探和尝试的欲望，千方百计试图通过各种渠道获得或尝试它。禁果效应存在的心理学依据在于：无法知晓的神秘事物，比能接触到的事物对人们有更大的诱惑力，也更能促进和强化人们渴望接近和了解的需求。

《圣经》中亚当和夏娃偷吃禁果的故事尽人皆知：上帝为亚当和夏娃建了一个乐园，让他俩住在园中，修葺并看管这个乐园。但是上帝吩咐他们："园内各种树上的果子你们都能吃，唯独善恶树上的果子不能吃，因为吃了它你们就会死。"亚当和夏娃谨记着上帝的教诲。

但是有一天，夏娃禁不住蛇的诱惑，摘下了善恶树上的果子，吃了下去；她又给了亚当，亚当也吃了。上帝得知后将他们赶出了伊甸园，惩罚了罪魁祸首——蛇，让它用肚子走路；责罚夏娃，增加她怀胎的痛苦；让亚当终身劳作才能从地里获得粮食。在现实生活中，禁果似乎分外香、格外甜，越是不让做的事，越是禁止做的事，人们越想做，因为它激起了人们的好奇心理和逆反心理。

《圣经》中这个关于人类远祖的故事，暗示了人类的本性中具有根深蒂固的禁果效应倾向。

　　我们常说的"吊胃口""卖关子"，就是因为对信息的完整传达有着一种期待心理，一旦关键信息在接受者心里形成了接受空白，这种空白就会对被遮蔽的信息产生强烈的召唤。这种"期待—召唤"结构就是禁果效应存在的心理基础。

　　所以，我们在为人处世中，可以双向地采用这种心理现象。如果我们不想让某人做某事，我们就不要直截了当地提出对方的"被禁令"，或者假装若无其事，或者有意无意地阐明某事的害处，或者根本就不发表意见从而见机行事……相反，我们有时也可以用一些技巧让别人帮我们做事，我们只要稍微激将一下对方，再告诉他这件事他或许做不了、不能做，如果对方是颇有好胜心的人，就有可能反被说动而自行请令。

对未竟事容易念念不忘

很多电视剧的忠实"粉丝"对节目中插播的广告甚为反感，但是，又不得不硬着头皮看完，因为广告插进来时剧情正发展到紧要处，实在不舍得换台，生怕错过了关键部分，于是只能忍着，一条、两条……直到看完第 N 条后长叹一口气："还没完呀？"

不得不承认，这广告的插播时间选得着实巧妙。其实说穿了，都是广告商摸透了观众的心理，才能让观众欲罢不能。很多事情就是这样，不完成似乎就心有不甘。我们大可以回忆一下，记忆中最深刻的感情，是不是没有结局的那一桩？印象中最漂亮的衣服，是不是没有买下的那一件？最近心头飘着的，是不是那些等我们完成的任务？

那么，究竟是一种怎样的心理，让我们被牵着鼻子走呢？

这就如同遇到这样的情况：我们经常会在备忘录上记下重要的事情，但是到最后还是忘记了。因为我们以为记下来就万事大吉了，紧张的神经松弛下来，最后连备忘录都忘了看。在打电话之前，我们能清楚地记得想要拨打的电话号码，打完之后却怎么也想不起来刚才拨过的号码。

其实，这都是一种被称为"蔡加尼克效应"的心理现象在起作用。

1927年，心理学家蔡加尼克做了一系列有关记忆的实验。他给参加实验的每个人布置了15～22个难易程度不同的任务，如写一首自己喜欢的诗词、将一些不同颜色和形状的珠子按一定模式用线穿起来、完成拼板、演算数学题，等等。完成这些任务所需的时间是大致相等的。其中一半的任务能顺利地完成，而另一半任务在进行的中途会被打断，要求被试者停下来去做其他的事情。在实验结束的时候，要求他们每个人回忆所做过的事情。结果十分有趣，在被回忆起来的任务中，有68%是被中止而未完成的任务，而已完成的任务只占32%。这种对未完成工作的记忆优于对已完成工作的记忆的现象，被称为"蔡加尼克效应"。

由此可知，我们在做一件事情的时候，会在心里产生一个张力系统，这个系统往往使我们处于紧张的心理状态之中。当工作没有完成就被中断的时候，这种紧张状态仍然会维持一段时间，使这个未完成的任务一直压在心头。而一旦这个任务完成了，那么这种紧张的状态就会松弛，原来做了的事情就容易被忘记。

"蔡加尼克效应"说明，当心理任务被迫中断时，人们就会对未完成的任务念念不忘，从而产生较高的渴求度。这就是人们常说的：越是得不到的东西，越觉得宝贵；而轻易就能得到的，就会弃之如敝屣。

　　这也为家长提供了一条合理的建议，即不能让孩子的愿望过早地得到满足，因为他得到了可能就不会再珍惜了。所以，在进行教育的过程中，不能一股脑儿地将知识灌输给孩子，而应该分阶段地给孩子讲解，让他有意犹未尽的感觉。家长在教育孩子的过程中，无论是教授知识还是讲述做人的道理，在讲到关键处不妨稍作停顿或者让孩子谈一下看法，这样孩子就会对知识或道理产生浓厚的兴趣，从而对这个关键点产生深刻的记忆。事实上，突出关键点的方法很多，可以重复强化，可以详细阐述，等等。而最有效的方法就是戛然而止不再讲解，会使孩子的求知欲受到阻碍，反而会让孩子产生迫不及待的求知心理，他的求知欲已经被激发，这时候的教育效果就会比较理想。

不同阶段的时间感不同

在生活中，有一种人做事总是拖拖拉拉，一件事情不到最后绝不动手，到了不得不做的时候，往往因为时间来不及而匆匆完成，应付了事；另外一种人总是将工作与生活处理得井井有条，做事有条不紊，就算是遇到问题也能妥善处理。这两种人之所以有如此大的差异，是由他们对时间的不同感觉导致的。

我们的主观时间感在我们的人生中是不断变化发展的。让我们来了解一下这些发展阶段，并思考一下它们分别跟我们的拖延有什么关系。也许我们现在的拖延习惯与我们早期某个发展阶段的时间概念密切相关。

对一个婴儿来说，生活完全处于当下这个时刻，时间完全是主观的。不管时钟上的时间是几点，他只知道"我现在饿了"。婴儿无法长时间地忍受痛苦，如果需要得不到及时的满足，他们就会号啕大哭。对一个婴儿来说，时间意味着从感觉到某种需要到满足这种需要之间的间隔。

如果在日后的生活中遭遇到恐惧和焦虑，一个以婴儿时间来反映的人就将这样的恐惧和焦虑视作无法忍受和无法穷尽的，而不是一般来得快也去得快的情绪。而拖延却可以帮助人们逃避当下无法承受的难受和痛苦情绪。虽然拖延会引起不良后果，但是在这样一些时刻，你根本不会去想象将会出现什么样的后果，就像一个嗜酒如命的人看到好酒后，根本不会想到酒精对自己身体的伤害，他想做的是马上品尝到面前的好酒。

在蹒跚学步阶段，孩子们逐渐学会了什么是过去、现在和将来。虽然他们现在非常饥饿，但是当父母告诉他们马上就有东西吃时，他们不再大哭，因为他们开始逐渐适应父母的时间。

在亲子关系中，父母的时间观始终在发挥影响力，所以实际上不是时间本身创造了他们对时间的态度，而是亲子关系的好坏本身对孩子的时间态度有影响。后来，当我们的拖延成了一场与时间抗争的战斗时，实际上我们抗争的不是时间，而是那些想要控制我们的人。与客观时间的抗争实际上可能反映了内心对父母时间安排的抵制。

当长到大约 7 岁的时候，孩子的时间观念开始与外界更多的规则和期待发生冲突。例如，上课有课程表，作业有上交的最后期限，父母希望孩子在出去跟伙伴们玩耍之前整理好自己的房间并帮忙做一点家务。这一切对有些孩子来说，理解为时间可以是一个压迫者，或者也可以是一个解放者。

有些孩子，尤其是有多动症以及相关问题的孩子，在他们的思维里，不具有良好的生物上的时间感，当外界环境发生变化，需要他们在主观时间和客观时间之间进行切换的时候，他们就会面临很大的障碍。在后期的生活中，他们或许会发现他们对时间的体验不是流动的、顺畅的，这就为日后的拖延奠定了基础。

青春期的孩子感受不到时间流逝，他们感觉生命是无限的，敏感的身体和热情的理想占据了一切；未来在他们面前展现出一幕宏大的场景。然而，随着学业、工作以及人际关系上的选择日益逼近，所有这些截止日期以及必须作出的抉择又让未来在现实面前撞得粉碎。

在青少年长大成人的转变过程中，大多数人会面临很多的内心冲突，他们也许会拒绝承认自己可能需要永远地放弃某些人生道路，而利用拖延作为他们拒绝长大的庇护。他们固执地坚守少年期对时间无限和可能性无限的感觉，迟迟不走入可以让他们长大成人的人生道路——完成学业，找一份工作，站稳自己的脚跟，建立起一个独立的人生。比如，有些大学毕业生看到就业的压力，就不愿离开学校而步入社会工作，甚至终日在学校附近游荡，也不愿走进拥挤的人才市场。

当一个人长到二十几岁的时候，他的人生步入正常轨道，感觉自己有着无限美好的梦想，而且有大把的年华去实现。这在感觉上非常充裕，而且变得更具有现实感了。他会认识到人生不全是完美的，选择一件事的同时也意味着放弃另一件事情。他可能没有足够的时间去完成每一件事情，有些机会可能会错过。

在这个阶段，为了检验他跟时间的关系，可以看一看拖延在他生活中扮演的角色。拖延现在不再是朋友之间的一个笑话，也不再是以后你可以弥补的某件事情。它的后果表现得越来越严重：工作中的最后期限与一个人的职业生涯及收入密切相关，当你单身的时候，你只要为自己一个人支付拖延的代价。一旦你有了伴侣，另一个人就会直接受到你拖延的影响，并容易引发双方的争吵。

随着岁月的流逝，过了30岁。这时，由于社会和家庭的关系，你被期待在自己的潜能上有所表现。当你在事业或感情中表现拖沓的时候，这或许表示你的事业或感情出现了问题。拖延者难以接受人生的限制，当他们发现他们一直以为会在某一天实现的目标在人到中年时依然没有实现的时候，他们震惊了。

在理性的层面，我们都知道生命总会有一个终结，但是拖延者却同时生活在生命无限的幻想中——无限的时间，无限的可能性，无限的成就，总有更多的时间去弥补那些被延后的事情。认识到时间的有限性是中年人在心理上面临的一个主要挑战：我用我的时间做成了什么？我还剩下多少时间？我想怎样度过这段时间？这时，我们还会突然面对人必有一死的事实。

从成年到老年的过程中，我们被越来越多的丧失与死亡所包围：某些身体功能的丧失；疾病越来越严重；挚爱的人离开了人世；留给人可以活着的时间越来越有限；未来也不再像早年那样充满希望和前景。钟表时间可能已经不再重要，而主观时间显得更为重要了。

对于一个跟生命的有限性作着抗争的拖延者而言，接受生命无可避免地终结是一项具有重要心理意义的挑战。在这个时刻，他不再否认自己一生拖延所产生的种种后果。

回顾以往的生活，有着各种焦虑和需要解决的问题。一切都没有变化，他在那样的条件下，尽可能地做一些自己所能做的事情。坦然地接受过去或许会给自己带来内心的平静，而不接受只会带来绝望或自我谴责。他甚至感到一种释然和自由，因为他终于知道自己没有必要再去追求那已经无法达成的目标。这当然是一件好事。

如果我们不想在年老的时候为曾经的拖延买单，不想终日生活在悔恨与遗憾之中，那么让我们从现在开始做一个珍惜时间的人吧！

第五章

我们的决策易受别人影响

人类为什么需要集体

在生活中，我们经常看到很多人才，感慨自己怀才不遇，一生碌碌无为，始终不得志。其实，人生成功机遇的多少与其交际能力和交际活动范围的大小几乎是成正比的。我们应充分发挥自己的交际能力，不断扩大自己的交际范围，发现和抓住难得的发展机遇，进而拥抱成功！

斯坦斯研究中心的一份调查报告指出：一个人赚的钱，12.5%来自知识，87.5%来自关系。关系只是面对个别人的，而圈子却是关系的扩大化。从心理学的角度来看，人与人之间的交往是必不可少的，同时，人也更倾向于让自己成为某个群体中的一员，在这个群体里，会有共同的思维、意识、行动。这也就是我们常说的"物以类聚，人以群分"。

有些人急于融入某个群体中，也不管这个群体里的人是做什么工作的、大家有什么样的爱好，只要进去了，就很兴奋，但之后或许会发现这个群体不一定适合自己，对个人今后的目标没有多大的好处。因此，我们要根据自身的情况学会鉴别自己能够融入的群体。

首先，要了解自己的背景和能力。群体会带给我们一些共享的资源，同样我们要给这个群体带来一些资源，这时候我们的背景和能力，能不能给群体带来一些益处，也变得重要了。我们如果不够格，或者说没有资质，不满足要求的时候，可能会逐渐脱离这个群体。我们也有可能被并到另外一个群体里去，这也是由不得我们自己的事情。

其次，应该有一个自己发展的大致方向，找到在这个方向上比较一致的、比较接近的一些圈子，或者说这种人脉关系，着重去发展。

再次，现代社会的群体五花八门，可以说是种类繁多，虽然群体的数量突飞猛进，但群体的质量严重下降。过去的群体崇尚"谈笑有鸿儒，往来无白丁"，但现在越来越多的功利色彩充斥其间，群体的功能就是提供获取利益的机会外加娱乐消遣。

最后，一个群体的利益取向取决于群体里的人和他们所处的职位。所谓"量体裁衣"就是这个道理，比如有的 HR（从事人力资源工作的人）在公司任总监职位，那么他对群体的取向和给予会与一般 HR 经理不同，他所谈论和要求的会是高管一级关心的事情，而一般经理人更倾向于个人职业发展。

我们无论是选择还是建立适合自己的群体，都要遵循以下两个原则。

（1）邻近原则，指上班族的社交网络中多是跟自己待在一起时间最长的人，用共同活动原则来建立社会关系网络。强大的社会关系网络不是通过非常随意的交往建立起来的，我们必须借助一些有着较大利害关系的活动，才能把自己和其他不同类型的人联系起来。事实上，任何人都可以参加多种多样的共同活动并从中受益，包括运动队、社区服务团体、跨部门行动、志愿者协会、企业董事会、跨职能团队和慈善基金会等。

（2）类我原则。所谓类我原则，指的是在结交关系时倾向于选择那些在经历、教育背景、世界观等方面都跟自己比较相似的人。因为"类我"可以更加容易信任那些以同样的方式来看待世界的人，我们感觉到他们在形势不明朗的情况下会采取和我们一样的行动。更重要的是，和那些背景相似的人共事，通常工作效率会很高，因为双方对许多概念的理解都比较一致，这使我们能更快地交换信息，而且不太会质疑对方的想法。

21世纪的今天，不管是保险、传媒，还是金融、科技、证券，几乎所有领域，人脉竞争力都起着日益重要的作用。专业知识固然重要，但人脉更加重要。从某种意义上说，人际关系是一个人通往财富、荣誉、成功之路的门票，只有拥有了这张门票，我们的专业知识才能发挥作用。否则，我们很可能是英雄无用武之地！为了实现成功梦想，我们需要建立自己的人脉，融入圈子。

三人成虎的成因

俗话说，"无风不起浪"，我们很多人坚信一个道理：当有人开始散布一些荒诞的事情，事情被传播开，渐渐地，这句话就成了真理。经过一番以讹传讹，最终一发不可收拾。甚至有人连最基本的常识都搞不清楚，也不去做任何调查，直接开始恐慌，于是本来就是无中生有的事情，变得跟真的一样，最终连捏造这些事情的人都被自己的谎言说服了。

促使三人成虎的发生是人们的从众心理，即人们改变自己的观念或行为，使之与群体的标准相一致的一种倾向性。

也许有人会质疑：我是个意志坚强的人，不会随便改变自己的观念。但是，当大家众口一词地反对你时，你还能坚持自己的意见吗？

社会心理学家所罗门·阿希做过一个比较线条长短的实验。在实验中，有1个真的来做实验的大学生，还有6个研究者参与实验（大学生并不知道这些人是研究者），大学生总是最后一个发表意见。

当第一组线条呈现出来后，大家都做出了一致的反应。之后呈现第二组线条，6个研究者给出了完全错误的答案（故意把长的线条说成是短的）。这时，最后一个发言的大学生就十分迷惑，并且怀疑自己的眼睛或其他地方出了问题，虽然他的视力良好，但他还是说出了明知是错误的答案。

实验现场形成了与大学生明显对立的意见，基于群体压力的影响，他说出了明知是错误的答案。人们做出从众的事情，一是为了做正确的事情，二是为了被喜欢、被肯定。人类是群体性动物，正常情况下，我们都趋向于融入群体，避免标新立异，很多时候，为了不被群体排斥，会做出非理性的行为。

在什么条件下人们会从众？

一是当群体的人数在一定范围内增多时，人越多人们越容易做出从众行为。"三人成虎"说的就是这种情况。不过当群体人数超过4人时，从众行为就不会显著增加了。

二是群体一致性。当群体中的人们意见一致时，人们的从众行为最多。即使是有一个人的意见不一致时，也不会影响从众行为的发生。

三是群体成员的权威性。如果所在的群体里都是著名的教授，那么即使他们说出了明显错误的事情，自己也会好好思考一下；如果所在的群体里都是普通人，当他们说出明显错误的事情时，自己肯定会立刻反驳。

四是个人的自我卷入水平。没有预先表达表示自我卷入水平最低；事先在纸上写下自己的想法，之后再表达表示自我卷入水平中等；公开表达自己的想法表示自我卷入水平高。实验证明，个人的自我卷入水平越高，越拒绝从众。

简单说来，从众即是对少数服从多数的最好解释。

面对各种谣言、传闻，总会一定程度上影响我们正常的思考和决策，我们又该如何规避这些因素呢？

要因时、因地、因人而异，先做好分析，回到事情的"原点"去思考，千万不能冲动行事。

要学会独立思考。在谣言中站稳脚跟，坚定自己的信念和决心，就需要有独立思考的能力，有自己的主见。因此，你应该对流言进行一番分析，看看其中是否有合理的内容。但是，如果完全被谣言所左右，就会把自己搞得晕头转向。

我们要对自己有信心，当前发生什么事情，以我们的能力可以作出判断的，就不要从众；如果超出自己的知识、能力范围，就要请教专业人士，不要人云亦云。这也要求我们平时积累知识、关注社会。

谎言本身并不可怕，愚昧地传播谎言，甚至深信不疑才会让事件产生严重的后果。

为何有如此多的善变者

有没有发现身边有着这么一类人，他们大都喜欢新鲜，追求新事物，崇尚改变。无论是最新上市的手机、衣物，还是新上映的电影、电视剧等，反正只要是他们所喜欢的东西，他们都想第一时间拥有。他们的思维也不停地处于变化、跳跃中，让人捉摸不透。

回忆一下你身边的这类人，当有一款心爱的新手机上市时，他们是不是会幻想着要是哪天自己的手机不小心丢了，这样就可以名正言顺地换新手机了。就算他们的手机没丢，他们也可以找个借口，比如说，今天失恋了心情不好，需要通过购物来忘记那个人。又比如，今天老板给我升职了，我要好好犒劳一下自己。在这样顺理成章的逻辑下，手机终于换了。

想一想有没有碰到过这么一些时常改变着自己想法的男男女女，让自己的计划不断地处于变动之中，使自己十分被动？

有一家公司准备在总部举办运动会，分公司的老板积极响应。这个老板是出了名的"善变"。他要求助理全力负责该分公司的运动员选拔、操练及相应会务工作。助理丝毫不敢怠慢，项目确定，人员报名、选拔，服装定做等，一切都好像有条不紊地进行着，到最后一项集体项目广播体操时，这个老板的"善变"终于被彻底激发了。

刚开始，老板要求选拔有服役经历的公司保安做教官。没过两天，他看到职业军人升国旗很帅气，又想把保安换成职业军人。换了教官后，老板异常兴奋，说要自己亲自带领他们训练广播体操。没想到，第三天他又改变主意了，说还是由学校的老师来训练比较专业。风平浪静了一段时间，等到排练进入尾声时，老板又根据自己在电脑上看到的运动会的相关情况，对队形、男女比例、口号等进行了"七十二变"。助理本想着终于结束了，哪知在比赛前的一天晚上，老板下达了一项最新任务：升国旗的几个帅哥之所以帅，是因为他们戴了白手套。结果一大群职工在 8 月的盛夏晚上满大街地找白手套。手套终于买到了，老板又赶紧通知大家第二天一早 6 点到体育场进行赛前排练。第二天一早，排练完毕，老板最后赶来发布了赛前的最后一道指令：所有队员在比赛前一律把白手套放在口袋中，直到列队进场前最后一秒钟才能戴上，这样才有新鲜感，大家不得有误。

这个老板是典型的"善变"者，制订了计划之后，一见到新的东西，受到冲击，便不停地改变自己的决定。助理按照之前吩咐所做的努力都有可能成为无用功。为什么这类人会如此善变呢？为何他们如此容易受到外界的影响而改变自己的想法呢？

善变的首要根源是其本身喜欢变化，其思想容易受到影响。

按照"善变"者的思维逻辑，他们做事根本就不需要什么计划，也不喜欢被什么事情约束，抱着"西瓜皮滑到哪里就是哪里"的想法，随性地生活着。

这些人在成长的过程中养成了这种"善变"的性格，或许是环境对其思考模式和处事风格产生了影响。而日常的生活方式和交往方式也在不断地影响着个人性格的塑造。俗话说"性格决定成败"，意在说明"性格决定思考，思考决定成败"。性格上的善变会使人的思维跳跃性太强而影响到人正常的思考过程，也使得别人难以跟上这种人思想变化的脚步。这也是这种类型的人无论在职场上还是生活中，总是让人又爱又恨的原因。

但是，"善变"这种习惯一旦形成就很难改变。"善变"的人几乎每天的生活都处在变动之中。在这种"善变"情绪的左右下，思考会随着情绪的变化而变化。当情绪非常低落或高昂时，思考总是表现出某种极端；当情绪保持稳定的状态时，思考就会变得非常冷静和理智。情绪能够表达我们当前的思考状态，所以我们应该使我们的情绪保持稳定，这样才能保持理性，才能保持自己决定的连贯性和持续性。

认识到情绪对思考的影响，就能够控制由于情绪所导致的思考冲动，也能通过控制情绪来控制多变的思维，从而有效地控制多变的性格。

多数人会迷信权威

对于我们大多数人来说，服从权威与领导，似乎是一件简单又自然的事情。但是，很少会有人考虑权威话语中真正的"权威性"。

米尔格拉姆做了这样一个实验：他声称实验是研究惩罚对学生学习的影响。实验时，两人一组，一人当学生，另一人当教师。实际上，每组中只有"教师"是真被试，"学生"则都是被安排混入实验的助手。

实验的过程是，只要"学生"出错，"教师"就要给予电击的惩罚，同时，电击按钮也被安排有"弱电击""中等强度电击""强电击""特强电击""剧烈电击""极剧烈电击""危险电击"，最后两个用××标记。

事实上，这些电击也是假的，但为了使"教师"深信不疑，就先让其接受一次强度为45伏的真电击，作为处罚学生的体验。虽然实验者说这种电击是很轻微的，但已使"教师"感到难以忍受。

在实验过程中，"学生"故意多次出错，"教师"在指出他的错误后，随即给予电击，"学生"发出阵阵呻吟。随着电压值的升高，"学生"叫喊怒骂，而后哀求讨饶，踢打墙壁。当电击为315伏时，"学生"发出极度痛苦的悲鸣，已经不能回答问题。330伏之后，学生就没有任何反应了，似乎已经昏厥过去了。

此时，"教师"不忍心再继续下去，问实验者怎么办。实验者严厉地督促"教师"继续进行实验，并说一切后果由实验者承担。在这种情况下，有多少人会服从实验者的命令，把电压升至450伏呢？

实验结果却令人震惊，在这种情况下，有26名被试者（占总人数的65%）服从了实验者的命令，坚持到实验最后，但表现出了不同程度的紧张和焦虑。另外14人（占总人数的35%）做了种种反抗，拒绝执行命令。米尔格拉姆的实验虽然设计巧妙并富有创意，但也引发了不少争议。

抛开实验本身是否道德这个问题不谈，单是实验结果就足以发人深省。米尔格拉姆在实验结束之后，告诉了被试者真相，以消除他们内心的焦虑和不安。继米尔格拉姆之后，其他国家的许多研究者也证明了这种服从行为的普遍性。在澳大利亚服从比例是68%，约旦为63%，德国则高达85%。

人们往往低估了权威者对人的影响。那么，人究竟在什么情况下会服从，什么情况下会拒绝服从呢？哪些因素会对服从行为产生影响呢？米尔格拉姆通过改变一些实验条件做了一系列类似的实验，发现下列因素与服从有关。

1. 服从者的人格特征

米尔格拉姆对参加实验的被试者进行人格测验，发现服从的被试者具有明显的权威主义人格特征。有这种权威人格特征或倾向的人，往往十分重视社会规范和社会价值，主张对于违反社会规范的行为进行严厉惩罚；他们往往追求权力和使用强硬手段，毫不怀疑地接受权威人物的命令，表现出个人迷信和盲目崇拜；同时他们会压抑个人内在的情绪体验，不敢流露出真实的情绪感受。

2. 服从者的道德水平

在涉及道德、政治等问题时，人们是否服从权威，并不单独取决于权威人物，而与他们的世界观、价值观密切相关。米尔格拉姆采用科尔伯格的道德判断问卷测验了被试者，发现处于道德发展水平第五、第六阶段的被试者，有75%的人拒绝服从；处于道德发展水平第三、第四阶段的被试者，只有12.5%的人拒绝服从。可见，道德发展水平直接与人们的服从行为有关。

3. 命令者的权威

命令者的权威越大，越容易导致服从。职位较高、权力较大、知识丰富、年龄较大、能力突出等，都是构成权威影响的因素。

此外，情境压力对服从也有一定的影响。在米尔格拉姆的实验中，如果主试在场，并且离被试者越近，服从的比例就越高。而受害者离被试者越近，服从率就越低。所以，就有学者担心，如果有一天战争发展到只需要在室内按电钮的阶段，那么人们就有可能更容易听从权威的命令，那样后果将是可怕的。

那么，我们应该如何破除对权威效应的"迷信"呢？

这就要求我们看问题时，不要被问题吓倒，更不要惧怕、迷信权威。我们应该学会独立思考，以自信心作为突围那些权威名义下的种种"圈套"的利器。我们不要在接触到难题的时候就为自己设置无谓的障碍，不要在还没有尝试解决问题的时候就对自己的能力有所怀疑。

同时，我们更要学会创新，用发散性思维、逆向思维来进行思考，当一条路走不通的时候，我们不要再试图以常规的方式来处理问题，更不要将权威的方案视为唯一方案。

所以，在现实生活中，无论是做人还是做事，我们都要擦亮双眼，理智思考，不要让权威成为遮盖事实真相的面纱。

为什么会有"鸟笼效应"

"鸟笼效应"是一个著名的和有意思的心理现象，它起源于近代杰出的心理学家詹姆斯。

1907 年，詹姆斯从哈佛大学退休，同时退休的还有他的好友物理学家卡尔森。一天，他们两个人打赌。詹姆斯说："我有个办法，一定会让你不久就养上一只鸟的。"对于詹姆斯的话，卡尔森根本就不相信，他说："我不会养鸟的，因为我从来就没有想过要养一只鸟。"

没过几天，卡尔森过生日，詹姆斯送上了一份礼物，那是一只精致漂亮的鸟笼。卡尔森笑着说："即使你给我鸟笼，我还是不会养鸟，我只当它是一件漂亮的工艺品。你和我打赌，你会输的。"

可是，从此以后，卡尔森家里只要来客人，看见书桌旁那只空荡荡的鸟笼，大部分客人就会问卡尔森："你养的鸟去哪里了，是飞走了吗？"卡尔森只好一次次地向客人解释："不是这样的，我从来就没有养过鸟。鸟笼是朋友送的。"然而，每当卡尔森这样回答的时候，就会换来客人困惑且有些不信任的目光。无奈之下，卡尔森只好买了一只鸟。

詹姆斯的"鸟笼效应"成功了。即使卡尔森长期对着一个空置的鸟笼丝毫不感到别扭，但每次来访的客人都询问空鸟笼是怎么回事的时候，或者将怪异的眼神投向鸟笼时，他就渐渐地懒于去解释，丢掉鸟笼或者购买一只鸟回来相对而言是一件更方便的事。丢掉鸟笼是不可能的，因为那是詹姆斯送的生日礼物，那就不如买一只鸟，省了之后解释的麻烦。

从卡尔森主动去买来一只鸟与笼子相配的行为，不难看出他是迫于众人询问的压力或者自身心理压力而不得不改变了初衷。这是一种巧妙运用压力促使他人服从的方法。自身的想法如何？该怎么去做？该满足谁的需要？卡尔森在某种程度上被詹姆斯的"鸟笼"给操控了，使得自我意识消失，陷入了被别人操纵的结果。事实证明，如果你陷入被操纵关系的时间越长，你就越看不清真正的自我。同样，别人也无法真正地了解你真实的想法。被操纵者最后会追随着操纵者的需求而不断地改变自己的立场，不自觉地遵循操纵者的指示。

如果你不知道自己究竟是谁，不知道除了为别人服务之外自己究竟该处于什么样的立场上，除了听从别人的指示之外自己不知道该怎么表达自己的想法，那么，你正是"自我消失"的人群中的一员，在人与人之间的相处上似乎感觉到自己在一点点地"消失"。有些感受不到自我存在的人这样描述他们对"自我消失"的体会：生活以他人为中心，缺少个性，因而无法被人深刻记住。他们就像空气一般，飘浮在人们的周围，却几乎忽视了自己的存在。最令人感到可怕的是，在睡梦里或在清醒的时候，你可能还会突然地感觉到自己似乎正在不断缩小，似乎就要与这个世界离别。

在感到"自我消失"后，你就会感到一种无法言喻的失落感，也会感到与他人之间的距离拉大了。你非但不能清楚地向他人展示自己，也无法根据自己的处世原则适时拒绝别人、表明自己的态度和立场。此时，别人便会根据他们的理解及意愿来划定你是哪类人。确切地说，他们会将自己的意愿强加在你的身上。

产生这种"自我消失"的感觉可以追溯到一个人童年时期的经历。童年时期的某些经历会在一定程度上造成这种自我意识和感知模糊，像童年时期遭遇的一些影响了自我意识的健康发展的事情。这样的事情可能归咎于父母不正确的教导，或在他们童年时期其他一些比较重要的人的影响。在这样的环境下，小孩子不断地被教育，并最终学会：自己的意见是无关紧要的，自己不聪明、不能干，以及大家希望他遵从有权有势者和权威者的意愿。

心理学家在分析人格问题上有一个经典的测试，即罗夏墨迹测试。在这个测试里，将给出一系列卡片，每张卡片上都有一个墨迹。这个墨迹没有规则的形状，测试者被要求从每张卡片的墨迹上"看出"一张画。这一测试的理论基础是：测试者会将无任何确定意义的墨迹想象成他所被要求看到的图形。

如果你在生活中不能表现出一种确定的人格，那么，别人就会根据他们自己的需要和想法把你想象成另外一个样子。这就是"罗夏现象"。

自我意识不明确的人或丧失了自我意识的人往往容易在受到压力时便无法坚持自己的原则，甚至有时容易被他人操纵。因此，作为一个有独立思想的个体，应该尽量避免"鸟笼效应"对自己的影响。

"吊桥效应"引发心动错觉

　　我们往往用心动来判定一份感情的开始。但是,我们是否曾经想过,这份心动里到底有几分真、几分假?有人做过这样一个实验,研究者让女助手分别在两座桥的桥头等待他人,一座是安全木桥,另一座是颇具危险度的吊桥。她被要求去接近18~35岁的男士,时间则被限定在他们走过桥头的时候,她要同那些男士交谈,并请每位男士填写一张简短的调查表,同时对他们声称之后会告诉他们这项研究的相关事宜,并把自己的名字和电话号码写在小纸片上交给对方。

　　实验显示,几天后,走安全木桥的16位男士中只有两位给女助理打了电话,而走过吊桥的18位男士中几乎有一半主动与她联系了。当然,这些主动者不太可能是一夜之间就对心理研究产生了兴趣,更合理的解释则是这位女助理的魅力。但是,为什么安全木桥和吊桥之间产生了如此大的差距呢?为什么吊桥上的男士明显比安全木桥上的男士对她更感兴趣呢?

　　研究的答案就是:两座桥的摇晃程度不同。

　　因为当人们经过吊桥的时候,会因为不稳定感和不安全感产生一些生理反应。比如下意识屏住呼吸、心跳加快、冒出冷汗、异常紧张，而这些都是肾上腺素上升的反应，大部分男士就将这种反应和紧张感转化为一种浪漫情怀。同时，研究还表明，行走路径的选择也反映出了这些男士的性格特征，选择吊桥的人比选择安全木桥的人更具有冒险精神和主动意识，他们都是相对更勇敢的人。所以，心理学上将这种把生理上的紧张感转化为浪漫感的状态，称为"吊桥效应"。

正如这种心理现象所表达的，我们在与人交往的过程中，往往会不由自主地受到许多外界环境的影响或干扰，但是，这种微妙的信息发送和接收，可能是我们本身很难察觉的。所以，很多时候，我们所说的心动到底是因为什么因素，或许我们自己都很难说清。但是，我们很难否认，自己会下意识地仅凭一种生理反应就判定对交往对象的好感度。

所以，对于爱情来说，心动的开始，或许有很多复杂的成分在其中，而我们的感情或许也没有自己想象中的那么单纯和理智。

爱情本身并不简单，它就好比一锅大杂烩，是百种滋味的纠结和融合。而想要让这锅大杂烩更美味，各种材料都入味三分，我们最好多一份心理准备和技巧。

所以，无论是在恋爱还是婚姻中，想要得到真挚的爱情，恋人之间要相互观察、了解乃至考核，这都是有必要的。只有经过多方面的观察、了解、考核，才能从里到外认识对方的本质，并由此作出判断：能否与他共度一生。无论在选择恋爱的时候还是在恋爱之中，我们的智商都不能降为零。不要不爱，也不要太爱，更不要因爱淹没了自己的人格和想法，要明白"过犹不及"的道理，要时刻谨记人的心理需要一把"适度原则"的铁锁。无论多么狂热，一定的理性还是需要的。把这种理性化为一种力量和智慧，不要让自己轻易变成别人手中的玩物和傀儡，也不要抱着一种非君不可的牺牲精神飞蛾扑火，而是要让自己坚强得如同一座堡垒，不会让爱成为自己的弱点和软肋。

为什么总有一些掌声先响起来

心理学上认为，能够在某件事情、某个观点或者某种行为上影响他人的人，一定是一个与对方在该事情、该观点、该行为上相关的同路者，否则对方会将其视为陌路，进而不受其影响。

因此，欲影响他人，先要培养自己的"铁杆同盟"，通过自身的吸引力，对他人实施影响。提到此项方法的运用，不得不提大歌剧中的捧场现象。

1820 年，大歌剧刚开始在国外盛行，虽然索通和波歇都是商人，但他们同样是大歌剧忠实的观众。他们在观看大歌剧时，从观众的掌声中看到了商机。

于是，索通和波歇决定共同成立一个"喜剧成功保险公司"。而该公司经营的主要保险项目便是观众的掌声，他们的服务对象是歌剧演员以及剧院经理，因为他们希望得到观众认可和欣赏的掌声。他们的宗旨便是用自己人"虚假"的掌声，激发真正观众的真实掌声。

此项服务一经推出，在各大歌剧院引起了强烈的反响。只经过了短短十年，捧场现象遍及全球大大小小的晚会。

随着该项行为的逐步发展，后来的经营者将其服务的项目逐渐扩大。比如，我们现在最常见的现象，当某个演员演完一个节目之后，台下往往会有一个或几个观众大喊"再来一个"；也有的情况是，现场的几个观众带头不停地叫好；等等。

尽管这种现象早已被人们熟知，但是人们在现实生活中还是会受该项行为的影响。所以，当我们试图影响他人为自己做事情的时候，便可以借助看似与他人处在同一个位置，实则是我们的铁杆同盟者的力量，为自己服务。

当这些人坐在台下呐喊、吆喝、鼓掌带头捧场的时候，真正的观众也会受其影响做出捧场的举动。因为这些演员以及剧场经理的"铁杆同盟"所处的境地和真实的观众是一样的，因为他们和观众一样坐在观众席上。尽管有时观众不觉得话剧演员演得有多好，但是受到周围观众的影响，他们还是会做出肯定的举动。

在推销中，这样的心理战术百试不爽。

当有些家长问她还有哪些比较好的复习资料时，史乐乐通常会拿出一本资料，介绍说："前几天，一个老顾客家的孩子，用过这本数学参考资料，用过后说对他孩子现在的学习有很大的帮助，并且比较权威，这不，他刚才回来又把剩余的科目都各拿去了一本。"

在史乐乐向这个人介绍资料时，旁边经常站着同样来买复习资料的人也会过来询问该资料的情况。他们中有的是用过的，有的是没用过的。史乐乐通常会指着一位老顾客说："不信，你问问这位大姐，她家的孩子常用我的复习资料。"

在这种情况下，那位被迫发表观点的"熟人"往往会说"还可以"这种不带任何感情色彩的中性词。这时史乐乐便会附和道："是吧！这本书确实不错，这几天很多人过来找这本复习资料呢！"

听了这话，那些原本就有购买欲望的人，会毫不犹豫地作出购买此资料的决定。对于周围那些不知道买哪种资料的人，当他们亲眼看到有人刚刚购买了该资料时，心里会习惯性地认为该资料应该不错，然后就购买了。

推销中将这种推销方式称为"恰当地使用证人"。心理学上认为，当人们不能准确地对自己所持的信息作出判断，或者对形势不是很有把握地估测，即心中不确定性因素占据主动位置时，人们往往更易受到他人的影响。从影响力的角度而言，看似与人们站在同一立场中的"铁杆同盟"便是干扰人们产生不确定性心理的主要因素。

其实生活中的任何事情，都需要运用这种"证人"似的"铁杆同盟"。这样可以使人们自己也不知道什么时候会受到他人的影响，更不知道自己为什么会受到他人的影响。所以当有人询问人们是否会受到他人影响时，人们往往并不承认是受了他人的影响，但在做事情的时候，还是会在不知不觉中受到周围与自己相关或者相似立场的人的影响。

　　同样的道理，当他人试图通过这种方式影响我们时，让我们在不知不觉中听从他的指挥，受他的影响，我们一定要保持清醒的头脑，觉察出对方的意图，从而成功摆脱他人对自己不利的影响。只有这样，我们才能有效地避免他人的不良企图，防止上当受骗。

第六章

是什么让你感到恐惧

如何应对恐惧症

每个人都有过恐惧的经历。如果一个人面对歹徒的匕首，双腿打战，甚至屁滚尿流，这是合理的恐惧；但如果他走在大街上，因害怕旁边的高楼突然坍塌而吓得寸步难行，这就有点不正常了。

护士小芸今年 27 岁，平日工作积极，领导、同事对她的评价都很不错，但最近她都有些不敢出门了。究其原因，竟然是她害怕看见花圈。她说只要一见到花圈就觉得头晕目眩，接着便全身冒汗、心跳加快、肌肉紧张，发展到后来甚至听到哀乐或别人提到"花圈"二字都会胆战心惊。

这是为什么呢？小芸到底发生过什么事，让她对花圈如此恐惧呢？

原来，在三年前的某个晚上，她从梦中惊醒，因为她在梦中似乎看见墙上挂有凭吊死人的大花圈，她吓得大叫。小芸的丈夫忙开灯，可墙上什么也没有。一关灯，花圈又出现了。后来，丈夫发现她所说的花圈原来是窗外树枝在墙上的投影。虽然她也相信是树枝的投影，但从此对花圈产生了莫名其妙的恐惧，见到花圈便紧张不安。

我们每个人都有自己喜欢的东西，同样，我们每个人也都有自己害怕的东西。或者是人，或者是动物，或者是某种环境，就好像有人怕猫，有人怕火，有人怕尖锐的东西，这些都可以理解。但是，当一个护士开始惧怕花圈的时候，那么，在她身上到底发生了什么事情呢？

这种症状，心理学上称为恐惧症。通常是对特定的事物或所处情境的一种无理性的、不适当的恐惧感。其实患者所害怕的物体或处境当时并无真正危险，但患者仍然极力回避所害怕的物体或处境。根据精神分析学派的观点，恐惧症是由当事者压制的潜意识里的本能冲动导致的，而"转移作用"和"回避作用"就是两种压制冲动的方法。

其实，这样的恐惧并不是单纯的，或许从中我们还可以发现更深一层的心理因素。就像是护士小芸的故事，其实还有一个前奏。

这源于噩梦之前她对一个病人的特护工作。病人是晚期肝癌，常年病卧让他极度烦躁，经常呵斥护士，因而护士们在背后便颇有微词，甚至当面暗讽那位病人。可是，小芸却因为怕惹事选择沉默而忍耐了下来。后来病人因抢救无效而去世。事后，死者家属以死者所在单位的名义向医院反映了护士的有关情况。医院领导在大会上严厉批评了几位特护的护士，却突出地表扬了她，号召大家向她学习。忽然，她觉得自己一下子被置于与大家对立的地位，因而十分紧张。但她一直克制着自己内心的紧张和焦虑，坚持正常上班，在别人眼里，她并没有什么异常。这种状态持续了一段时间，就出现了上面那个梦。

在护理那位癌症患者的过程中，小芸产生了厌烦的情绪，但一直没有表露出来。在患者死后，她觉得终于解脱了，但内心又隐约为自己曾经的厌烦而感到内疚。同时，医院领导的表扬又让她觉得自己被同事疏远，让她非常不安，不过她依然保持镇定。在持续的压抑之下，患者之死这件事所带来的复杂情绪：厌烦、内疚、焦虑不安……终于转化为对花圈——情绪具象化——的恐惧。很显然，花圈代表整件事情，在这里，整体恐惧被缩小为局部恐惧，小芸只是在潜意识里选择了花圈这一替代物。

恐惧症的心理治疗应该由医生向有此症状者系统讲解该病的医学知识，使其对该病有充分了解，从而能分析自己起病的原因，并寻求对策，消除疑病心理等。要适时地减轻焦虑和烦恼，打破恐惧的恶性循环。同时要主动配合医生的药物治疗或心理治疗。行为疗法可以选用暴露疗法，也可以酌情选用冲击疗法。而心理治疗通常可以使用集体心理治疗、小组心理治疗、个别心理治疗、森田疗法。

有效克服乘车恐惧

　　在生活中，有些人害怕乘坐某种交通工具，如飞机、汽车或轮船等。他们不是简单地害怕晕车、呕吐，而是有一种更深层次的恐惧心理，这就是"乘车恐惧"。

　　乘车恐惧，是指对乘坐汽车或乘车经过某一特定区域时所产生的一种紧张、恐惧、焦虑情绪，以致害怕乘车的现象。关于乘车恐惧的病因，至今尚不太清楚。但诸多看法认为，乘车恐惧与患者过去的某一特定经历有关，对这一特定经历的条件反射可能是诱发乘车恐惧的病理机制。条件反射学说认为，当患者遭遇到与其发病有关的某一事件，这一事件即成为恐怖性刺激，而当时情景中另一些并非恐怖的刺激（无关刺激）也同时作用于患者的大脑皮质，两者作为一种混合刺激物形成条件反射，故而今后凡遇到这种情景，即便是只有无关刺激，也能引起强烈的恐怖情绪。如患者经历了一次车祸，车祸才是导致恐惧的条件刺激，而类似的汽车则是无关刺激，由于这一恐惧情景的泛化，类似的汽车也成了恐惧源。时间久了会引起严重的病理反应。正如一次出车祸，十年怕坐车那样。美国心理学家华生曾做过一个实验，他采取一些手段使一个 4 岁的孩子对兔子感到害怕，结果很快这个孩子开始害怕起一切有毛的东西，如狗、毛绒玩具，甚至长着胡子的人等。

　　小欣是北京某高中的一名高一学生，她家离学校不太远，每天只需乘半小时的公共汽车。近半年，从家到学校，又从学校到家，她早已习惯。有一天，她放学回家，像往常那样登上回家的公共汽车，汽车突然遇到红灯紧急刹车。乘客们在惯性的作用下被晃得东倒西歪。小欣也在惯性的作用下向前猛冲，正好撞到前面一个衣着脏破、满身酸臭气的醉汉身上。当时小欣被吓了一大跳，并有一种恶心的感觉。从那之后，她只要一上公共汽车心里就紧张，感到恶心、心跳加速。几次发作后，她开始害怕乘车。无奈之下，只好步行，但又不堪长时间以这种方式去上学。

　　父母眼见女儿这样，十分心疼，父亲曾多次陪着她乘车去学校。奇怪的是，只要父亲陪着，她乘车就没有什么异常的感受，一旦她独自乘车，恶心、心跳加速等症状就会发作。父母感到不可思议，陪女儿来到心理诊所寻求帮助。

　　心理医师详细询问了发病经过后认为，小欣起病于刹车时的冲撞，病情发展于心理对此的严重性想象，再加上自己有意回避，恐惧感就会越来越重，还会伴有严重的心理焦虑。

对乘车恐惧的治疗一般采用行为疗法，据专家介绍，使用该疗法治疗各种恐惧症的治愈率在 90% 以上。在进行治疗时，应先弄清患者产生恐惧的病因，尤其是发病的情景，并详细了解其个性特点、精神刺激因素，然后用适当的方法，如系统脱敏疗法、满灌疗法等对其进行治疗。如对上例的治疗，因患者起病于车祸的影响，病情发展于心理对事件严重性的想象，再加之其有意回避，恐惧感越来越重，故可采用满灌疗法。

下面我们以上例中对小欣的治疗为例展开讨论。

首先，心理医师围绕"乘车与回避乘车"的利与弊对小欣进行心理疏导。心理医师对小欣说："当你回避乘车的想法变成现实以后，这在心理上是一个大倒退。如果今后再想乘车，怕的感觉会更加严重。也许你以为自己的害怕与乘车有关，其实不然，这是心理问题，是自己在吓自己。相反，如果在事情发生后，你能及时认识到这只是一次偶然的事件，并迅速壮起胆量，坚持继续乘车，即使一开始有些紧张不安、心里不好受，扛过去就会习惯，那么以后乘车就容易多了。"

接着，在小欣的认识初步提高后，心理医师即决定让她实地乘车进行练习。为了使练习取得较好的效果，心理医师反复做工作，要她克服不适感。说明只要忍耐些把第一次练习坚持下来，以后的练习就好办了。

第二天早晨，心理医师带领小欣来到公共汽车站。为了使首次练习取得成功，心理医师同意和小欣一同乘车。两人上车后，心理医师让小欣坐在车的另一边座位上，并交代彼此不要说话。公共汽车开动后，小欣一下子开始紧张起来，只见她双手微微颤抖，呼吸急促，头上渐渐冒出虚汗，想要站起来坐到心理医师旁边，但双脚发软，无法动弹；她又想叫司机停车让自己下去，但又不好意思开口；她两眼直盯着心理医师，可心理医师却没有理会她，只是用手势示意让她继续坚持，不要因害怕和不适而放弃努力。就这样，他们总算坐到了站。

下车后，小欣气喘吁吁、头上大汗淋漓。心理医师则趁机鼓励她说："今天你的第一次练习完成得不错，总算能够坚持下来了，现在你还觉得乘车有危险吗？"为了打消小欣的恐惧感，心理医师继续向她解释："刚才在公共汽车上，我看出你确实在乘车时十分难受。实践证明，你在紧张时忍耐住不舒服的感觉，焦虑、恐惧症状实际上就迅速减轻了。但是，如果你在半路上真的逃出公共汽车，那以后你就更不敢乘车了。"

两天以后，心理医师又带着小欣进行第二次练习。这次，心理医师没有同她一起乘车，而是让小欣独自从起点站乘到终点站，并开导她说："有人陪你容易使你产生依赖心理，你从现在开始要锻炼独自乘车的胆量，如果能闯过这一关，你害怕乘车的心理就会消除，以后就又能独立乘车上学了，希望你今天能坚持完成这一练习。"

在心理医师的鼓励下，小欣独自上了驶往学校方向的公共汽车，在汽车行驶的过程中，她虽然又出现了紧张害怕的心理感受，但她发现不适感比第一次有所减轻。她不停地鼓励自己："坚持，再坚持！车上有这么多人，其实乘车并没有什么危险，我已经不是小孩子了，不应该害怕！"就这样，一个小时后，公共汽车到达终点站。小欣下车后，做了几次深呼吸，感觉良好，就又乘上了返程公共汽车……

心理医师对小欣的成功进行了赞扬，并告诫她以后每天要坚持练习，不可因懈怠而半途而废。小欣牢记心理医师的话，每天坚持乘车上学。半个月后，她再也不为害怕乘车而烦恼了。

为了更快速有效地治疗乘车恐惧，还可以采用疏导疗法、松弛疗法、药物疗法等。

保留自己的私人空间

　乘电梯的时候，人们的眼睛是往哪里看的呢？估计大部分人的眼睛会习惯性地盯着电梯显示屏上跳动的数字，心里跟着默念："1，2，3……"为什么在电梯里大家都习惯性仰着头看着显示的楼层数？难道显示的楼层数有什么神奇的魔力吗？还是有什么不可思议的心理效应在背后起作用呢？

　人们最容易联想到的理由就是，抬头盯着数字看，是在观察自己所要到的楼层是否已经到了。而实际上，这种行为与我们的"私人空间"有着很大的关系。所谓私人空间，是指在我们身体周围一定的空间，一旦有人闯入我们的私人空间，我们就会感觉不舒服、不自在。私人空间的大小因人而异，但大体上是前后 0.6 ~ 1.5 米。调查数据显示，女性的私人空间比男性的大，具有攻击性格的人的私人空间更大。在拥挤的电车中我们会感觉不自在，就是因为有人进入了自己的私人空间。不过，人的私人空间会根据对象的不同而发生改变。假设一个人前方的私人空间为 1 米，如果对方是亲近的人，私人空间也许会缩小到 0.5 米，但如果是不喜欢的人，也许会扩大到 2.5 米。而对于憎恶的人，则会敬而远之。人需要私人空间，他人侵入这一空间时，则会做出各种反应，在电梯里抬头看就是反应的一种。

电梯是一个非常狭小的空间。在电梯里，人与人的私人空间出现了交集，即互相感觉到对方进入了自己的私人空间，所以会感到不舒服，都想尽早离开电梯这个狭窄的空间。向上看正是想尽快"逃离"这个狭小空间的心理表现。

此外，盯着显示楼层的数字看，不只是为了确认是否到了自己要去的楼层。当我们急于离开这个狭小空间时，不停变换的数字能让我们感到电梯在移动，是在提示人们就快要离开封闭的空间走向开放的空间。

和在电梯里一样，乘地铁时当很多人拥入一节空车厢之后，长座椅的两端先有人坐，而座椅的中央后有人坐。因为人们认为坐靠边的座椅，不容易受到别人的影响。万一不小心睡着了，还可以减小倒在别人身上的概率，用手机发微信时也不用担心别人会偷看。总之，周围的人越少，人们就越自在。

不过，也不是所有靠边的地方都会让人感到舒服自在，如公共厕所中靠近入口一端的就经常受到"冷遇"。快餐店、咖啡馆等高靠背座椅靠近外侧的一端也不太受欢迎。这是因为高靠背座椅本身就可以确保一定的私人空间，而靠外侧的一端反而容易将人暴露。

因此，在公共设施的建设上，要注意充分考虑人们对于"私人空间"的心理需要。而在人际交往中，也要注意尊重和理解对方的"私人空间"，给别人一点理解，也是对自己的尊重。

克服对黑暗的恐惧

在生活中，我们常常看到一部分婴儿在夜晚时因害怕而啼哭，只有当灯开着的时候，他们才会甜甜地睡去。其实这种害怕黑暗的情形不仅仅发生在婴儿身上，许多成年人也有同样的问题，他们在夜间将房间弄得灯火通明，然后才安心地睡去。这种不良习惯在心理学上被称为"开灯睡觉癖"。

开灯睡觉癖，是指在夜晚睡觉时必须开灯，且在睡眠状态下也不能熄灯，从而造成对灯光的依赖。

开灯睡觉癖是一种不良习惯，其病理实质是对黑暗的恐惧。这种对黑暗的恐惧大半是从幼年期开始的。因为在此期间，儿童好奇心很强，喜欢听有关鬼、神的故事。而这类故事的背景、内容及人物的出现又常常是在晚间或平常人看不到的黑暗中，以显示生动性和神秘性。久而久之，他们便将对妖魔鬼怪的恐惧与黑暗连在一起，形成了对灯光的依赖，导致不敢关灯睡觉。这是开灯睡眠的一个主要原因。此外，在某一黑暗的情境中意外遭遇可怕的事情，或在黑夜做了一个噩梦，这些令人恐怖的经历未能及时排遣，也可能造成对黑暗的恐惧。

有位21岁的男大学生，夜间无论何时都不敢走进地下室。白天他无所谓，但一到晚上就控制不住，他自己也承认毫无道理，后来发展到不敢关灯睡觉，即使跟别人同住一室也要开灯。而一关灯，他就吓得哇哇大叫，闹得室友莫名其妙。

　　一次，父亲强迫他去地下室，他竟昏倒在石阶上。后来，看过心理医生才知道，原来在幼年时，他有一次在邻居家听小朋友讲了一个有关鬼怪的故事，描写一位巨人，专吃10岁以下男孩的心、喝他们的血、挖他们的眼。听完故事后，他满怀恐惧地回家了。当时天色已晚，只有些许星光，虽然离家很近，但是有一条荒僻山道，正在这时，他突然发现一个巨人向他走来，他顿时两腿发软，昏倒在地。

　　实际上，他所遇见的是一个农民，由城内归来，背着箩筐在黑暗中显得特别巨大。加上这位农民喝了几杯酒，步履踉跄，看起来更像一个张牙舞爪的巨人。自己的昏倒并未惊动这位农民，所以他在地上昏睡了足足半个小时后，才被家人发现并抱回家。从此以后，他就对黑暗产生了极大的恐惧，导致了自己以后夜晚不敢关灯睡觉。

　　后来，他又听说某家住宅的地下室，一对男女做了丑事，被人发现，结果女的羞愤自杀。不道德的行为和罪恶的感觉以及黑暗、地下室连在一起，使他对黑暗产生了更大的恐惧。

　　其实，这样的习惯和黑暗本身没有太大的关系，而是和黑暗里隐藏和蕴含的意义有关系，黑暗中给自己带来的消极感受和不良刺激才是导致不敢关灯睡觉这种行为的根本原因。那么，我们应该如何矫治这种严重的心理问题呢？

一方面可采用认知领悟疗法。对有此嗜好者进行辩证唯物主义和无神论的教育，说明鬼怪并不存在，对鬼怪的惧怕而产生的对黑暗的恐惧是一种幼年时期的幼稚情绪反映，使其从认识上减轻对黑暗的恐惧。如上例，应向那位大学生说明那天晚上他所碰到的并非巨人，而是活生生的某位农民，并在说明之后重演那天晚上的一幕，从认知上、潜意识里消除恐惧。

另一方面可采用系统脱敏疗法。根据其对黑暗的恐惧程度，建立一个恐怖等级表，然后按照从轻到重的顺序，依次进行系统脱敏训练，不断强化，直到能关灯睡觉为止。例如，对案例中的大学生，先由数人一起关灯谈话，到数人一起关灯静坐，再到两人一起关灯睡觉，再到一人关灯静坐，最后一人关灯睡觉，从而根治这种心理障碍。

对空旷场地的恐惧

每个人都有自己害怕的东西，根据心理或者经历的不同，便会有不同的呈现。

A先生是一个斯文的中年男子，他不管到哪里都需要太太做伴，甚至连上厕所也不例外，夫妻二人真的到了"出双入对、形影不离"的地步。与其说这表示他们恩爱异常，不如说他们痛苦异常，要了解这种痛苦，必须从头说起。

据A先生说，他在25岁时，有一次单独走过市中心广场，在空旷的广场上，他突然产生一种莫名的惊慌，呼吸持续加快，觉得自己好像就要窒息了，心脏也跟着猛烈跳动，而腿则软瘫无力。眼前的广场似乎无尽延伸着，让他既难以前进，又无法后退。他费了九牛二虎之力，才艰难地"跋涉"到广场的另一头。

他不知道自己为什么突然会有那种反应，但从那一天起，他即对广场敬而远之，下定决心以后绝不再自己一个人穿越它。

不久之后，他在单独走过离家不远的桥时，竟又产生同样惊慌的感觉。随后，在经过一条狭长而陡峭的街道时，也莫名其妙地心跳加快、全身冒汗、两腿发软。

到最后，每当他要经过一个空旷的地方时，就会无法控制地产生严重的焦虑症状，以至于他不敢再单独接近任何广场。

有一次，一个女孩子到他家拜访，出于礼貌与道义，他必须护送那位女孩回家。途中原本一切正常，但在抵达女孩子的家门后，他自己一个人却回不了家了。

天色已晚，而且还下着雨，他太太在家里等了5个小时还不见他的踪影，于是焦急地出去寻找他。最后在广场边上，看到他全身湿透地在那里直哆嗦，因为他无法穿越那个空旷的广场。

在这次不愉快的经历后，他太太不准他单独出门，而这似乎正是他所期待的。但即使在太太的陪伴下，每当他来到一个广场边时，仍然会不由自主地呼吸加快、全身颤抖，嘴里喃喃自语："我快要死了！"此时，他太太必须赶快抓紧他，他才能安静下来，而不致发生意外。到最后，不管他走到哪里，太太都必须跟着，就有了本故事开头的一幕。

"广场恐惧症"又叫"惧旷症"，本来专指对空旷场所的畏惧，但精神医学界目前已扩大其适用范围，而泛指当事者对足以让他产生无助与惶恐的任何情境的畏惧，除了空旷的场所外，其他如人群拥挤的商店、戏院、大众运输工具、电梯、高塔等，也都可能是让他们觉得无处可逃而畏惧的情境。

俱旷症的一大特征是，他们的惊慌反应通常是在单独面对该情境时才会产生，如果有人做伴就能得到缓解，甚至变得正常，而且能让他免除这种畏惧的伴侣通常是特定的某一两个人。

因此，精神分析学家认为，俱旷症可能来自潜意识的需求，他们极度依赖某人，对其有婴儿般的依附需求；但在意识层面，他们无法承认这一幼稚的渴望，所以就借俱旷症的惊慌反应，使对方有义务时时和他们做伴。本案例中的这位 A 先生，他的俱旷症从精神分析的观点来说，就是他在潜意识里对太太有婴儿般的依赖需求。

对于这种恐惧心理，患者要及时调整，可经常主动找出自己所惧怕的对象，在实践中了解它、认识它、适应它，就会逐渐消除对它的恐惧。只有多实践、多观察、多锻炼、多接触，才会增长见识，消除不正常的恐惧感，避免它对学习、工作、事业和前途的影响。

与人交往产生的恐惧

有些人在实际生活中与别人打交道时充满了恐惧，这就是社交恐惧症。社交恐惧症通常起病于青少年时期，男女都可能出现。青少年渴望友谊，希望广交朋友，但有些青少年一到具体交往时，如找人交谈，或者别人与自己打交道，就出现恐惧反应。表现为不敢见人，遇生人面红耳赤，神经处于一种非常紧张的状态。它往往会泛化，严重者甚至拒绝与任何人发生社交关系，把自己孤立起来，对日常工作学习造成极大妨碍。

社交恐惧症的特点是强迫性的恐怖情绪，患者会想象出恐怖对象自己吓唬自己。例如，某大学有一名女生性格内向，自尊心强。她总以为别人时刻在注意她，担心自己会出什么差错，让人瞧不起。后来，她暗恋上某男生，但又不敢表露，害怕别人知道这个秘密。一次，有同学开玩笑说："我知道你爱上他了，你别藏在心里！"她一听就心里发慌，担心别人对她评头论足。此后，她见人就躲闪，有人与她聊天，她就面红耳赤、心慌意乱，以致见人就害怕。这是社交恐惧症的一个典型例子。

社交恐惧症是后天形成的条件（制约）反应，是经过学习过程而建立起来的。分为两种情况：一是"直接经验"。有道是："一朝被蛇咬，十年怕井绳。"青少年在交往过程中屡遭挫折、失败，就会形成一种心理上的打击或"威胁"，在情绪上产生种种不愉快的甚至痛苦的体验，久而久之，就会不自觉地形成紧张、不安、焦急、忧虑、恐惧等情绪状态。这种状态定型下来，形成固定心理结构，于是在以后遇到新的类似刺激情境时，便会旧病发作，心生恐惧感。二是"间接经验"，即"社会学习"。如看到别人或听到别人在某种交往情境中遭受挫折，陷入窘境，或受到难堪的讥笑、拒绝，自己就会感到痛苦、羞耻、害怕，甚至通过电影、电视、小说、广播、报刊等途径也可以接触到类似场景，他们会不自觉地依据间接经验，来预测自己会在特定社交场合遭受令人难堪的对待，于是紧张不安，焦虑恐惧。这种情绪状态的泛化，导致了社交恐惧症。

社交恐惧症是一种由心理因素造成的心因性疾病，只要积极治疗，是可以治愈的。

1. 改善自己的性格

害怕社交的人多半比较内向，应注意改善自己的性格，多参加体育、文艺等集体活动，尝试主动与同伴和陌生人交往，在交往的过程中，逐渐去掉羞怯、恐惧感，使自己成为开朗、乐观、豁达的人。

2. 消除自卑，树立自信

对自己应有正确的认识，过于自尊和盲目自卑都没有必要，事事处处得体，求全责备也是没有必要的。可以暗示自己：我只不过是集体中的一分子，谁也不会专门盯着我，注意我一个人的，以摆脱那种过多考虑别人评价的思维方式。要记住：我并不比别人差，别人也不过如此，以此来增强自信。

3. 转移刺激

转移刺激即暂时转移引起社交恐惧症的外界刺激。由于外界刺激在一段时间内消失，其条件反射在头脑中的痕迹就会逐渐淡薄，有时还可消除。

4. 掌握知识

尽管都懂得开展社交的重要意义，但是有关社交的知识、技巧和艺术，以及相关的社会学、心理学和传播学知识却掌握得不够。所以应全面地掌握有关知识，真正明白道理，这对消除心病是大有裨益的。

5. 系统脱敏疗法

其一般做法是：先用轻微的较弱的刺激，然后逐渐增强刺激的强度，使行为失常的患者没有焦虑不安反应、逐渐适应，最后达到矫正失常行为的目的。引导患者先与家人接触，再与亲朋好友接触，然后再与一般熟人接触，最后与陌生人接触，一步步地引导脱敏，并通过奖励、表扬使其巩固。

第七章

让自己倾听心灵的声音

保持身心健康的统一

"祝您身体健康!"这是人们最常用的祝福语,可见健康对我们来说是十分重要的。健康是人类生存和发展的最基本条件,也是人生的第一财富。可是我们怎么才能知道自己是否健康呢?也许很多人会说:"无病无灾、身体强壮就是健康。"其实,现代社会所说的健康,早已超出了人们的传统认识,它不仅指生理上的健康,还包括心理和社会适应等方面的完好状态,即包括身、心两个方面,并且心理健康已成为现代健康概念中一个不可或缺的部分。

世界卫生组织(WHO)对健康的界定是:"健康乃是一种在身体上、心理上和社会适应方面的完好状态,而不仅仅是没有疾病和虚弱的状态。"也就是说,健康这一概念的基本内涵应包括生理健康、心理健康和社会适应良好这三个方面,表现为个体生理和心理上的一种良好的机能状态,亦即生理和心理上没有缺陷和疾病,能充分发挥心理对机体和环境因素的调节功能,能保持与环境相适应的、良好的效能状态和动态的相对平衡状态。

健康的含义:

身体各部位发育正常,功能健康,没有疾病。

体质坚强，对疾病有高度的抵抗力，并能吃苦耐劳、担负各种艰巨繁重的任务、经受各种自然环境的考验。

精力充沛，能经常保持清醒的头脑，全神贯注，思想集中，对工作、学习都能保持较高的效率。

意志坚定，情绪正常，精神愉快。

衡量身体健康的"五快"标准如下。

1. 快食

三餐吃起来津津有味，能快速吃完一餐而不挑食，食欲与进餐时间基本相同。快食并不是狼吞虎咽、不辨滋味，而是吃饭时不挑食、不偏食、吃得痛快、没有过饱或不饱的不满足感。如出现持续的无食欲状态，则意味着胃肠或肝脏可能出了问题。

2. 快睡

快睡就是睡得舒畅，一觉睡到天亮。醒后头脑清醒、精力旺盛。睡觉注重的是质量，如睡得时间过多，且睡后仍感乏力疲劳，则是心理和生理的病态表现。快睡说明神经系统的兴奋、抑制功能协调，且内脏无病理信息干扰。

3. 快便

便意来时，能迅速排泄大小便，且感觉轻松自如，在精神上有一种良好的感觉。便后没有疲劳感，说明胃肠功能好。

4. 快语

说话流利，语言表达准确、有中心，头脑清楚，思维敏捷，中气充足，表明心肺功能正常。说话不觉吃力，没有有话说而又不想说的疲倦感，没有头脑迟钝、词不达意的现象。

5. 快行

行动自如、协调，迈步轻松、有力，转体敏捷，反应迅速，证明躯体和四肢状况良好、精力充沛。

衡量身体健康的"三良"标准如下。

1. 良好的个性

性格温柔和顺，言行举止得到众人认可，能够很快地适应不同环境，没有经常性的压抑感和冲动感。目标明确，意志坚定，感情丰富，热爱生活和人生，乐观豁达，胸襟坦荡。

2. 良好的处世能力

看问题、办事情都能以现实和自我为基础，与人交往能被大多数人所接受。不管人际关系如何变化，都能保持恒久、稳定的适应性。

3. 良好的人际关系

与他人交往的愿望强烈，能有选择地与朋友交往，珍视友情，有爱心，尊重他人人格，待人接物能宽大为怀。既能善待自己、自爱自信，又能助人为乐、与人为善。

心理因素影响人体健康

　　我们知道，人的心理状态是和人的全面身心状态紧密相连的，而且与人的健康状况也是密切相关的。

　　人的心理活动会影响神经系统（主要是脑），而神经调节是人体最重要的调节，因此，心理因素能够对生理产生作用。但是，一般性的心理活动不会给人的健康带来明显的影响，能让人察觉的影响人的身体健康的心理活动通常是强烈的、快速的或持久的。

　　美国生理学家坎农在20世纪初做过大量的实验研究，他发现人在焦虑忧郁的时候，会抑制肠胃的蠕动，抑制消化腺体的分泌，引起食欲减退；在发怒或突然受惊的时候，则会呼吸短促、加快，心跳激烈，血压升高，血糖增加，血液含氧量增加；突然惊恐时甚至会出现暂时性的呼吸中断，心电图发生波形明显改变。

　　为了研究心理活动对人的生理的影响，美国医生加里·赖特还专门研究了巫术治病的问题，并写了《巫术的见证人》一书。经过长期观察研究，赖特认为，巫师不管年龄大小、种族或性别，都是精明的心理学家，而且是政治家、演员。

他指出，巫师的主要威力不在于使用特殊的药物，而是善于使用心理分析和心理疗法，巫师所使用的巫术的本质是心理学和心理疗法的基本原则。巫师最常使用的两种基本心理疗法的机制是暗示和自白。巫师能使病人消除恐慌，能动员病人自身的生理潜能，使病人处于生理和心理亢奋状态，增强其信心，而这是一种完全符合心理分析和心理疗法的原则。

苏联心理疗法专家 B. 莱维在为《巫术的见证人》苏联译本加的出版前言中叙述了著名的暗示死亡的案例：有个被判死刑的杀人犯被告知用切断静脉法处决。行刑者在刑场向他出示了刑具——解剖刀，并暗示他静脉切开后过一段时间他就将死去。于是有人蒙上了他的双眼，接着有人用刀背在他的手臂静脉处划了一刀，但没划破皮肤，再用一股细细的温水朝他裸露的手臂上流去，让放在地上的面盆不断发出"血"滴落的声音。过了几分钟，犯人开始垂死挣扎，接着就断了气。通过解剖发现，犯人的死亡是由心脏停搏引起的。

这个实验可靠地证明了暗示死亡的可能性，同时也证明了暗示的巨大力量。临刑前的暗示和模仿迫害使犯人相信死亡即将来临，死亡的"模式"完全控制了犯人的大脑，最后导致了犯人的死亡。由此可见，既然暗示可以"杀"死一个人，那么，暗示也可以让一个人活下去。而巫术正是暗示人们活下去的一种精神疗法，它是通过病人的心理活动而产生的治疗效果。

在生活中，你可能碰到过这样的事例：某个人能正常地过家庭生活和社会生活，正常地工作、学习和娱乐，但在偶感不适后去看病，却被发现得了癌症。在治疗过程中，这个人的身体迅速垮掉了，以后则很快衰竭，不久就死去了。可以想见，这与病人的心理恐惧、过度忧郁和他人对癌症夸大其词的宣传对人的心理的不良影响等心理因素有必然的联系。说得明确一点，就是病人心理上的自绝使其全身的生理发生了紊乱，从而降低了其对疾病的抵抗力，加速了病情的恶化。

在日常生活中，我们经常会遇到生病、失业、失恋等应激事件。面对应激事件，不同的人会有不同的表现。一般来说，应激事件会导致人精神紧张、焦虑不安。虽然应激状态能使人在特殊的环境中产生奇迹般的表现，但它同时也增加了心脏的负担，导致了人体生理系统的紊乱，并极有可能影响人体健康。

"装"出来的快乐也能真快乐

　　人的一生就像一趟旅行，沿途中有数不尽的坎坷泥泞，但也有看不完的春花秋月。如果我们的一颗心总是被灰暗的风尘覆盖，失去了生机，丧失了斗志，我们的人生就会变得暗淡。而如果我们能保持一种健康向上的心态，即使我们身处逆境，也一定会有"山重水复疑无路，柳暗花明又一村"的那一天。

　　但就现实情形而言，人生不如意十有八九，面对悲观失望我们不能一味地呻吟与哀号，虽然那样能得到短暂的同情与怜悯，但改变不了什么。因此，我们要积极调整自己的心态，努力开拓，赢得鲜花与掌声。

　　在日常的生活和工作中，我们要善于消除一些消极的心理暗示，多对自己进行积极的心理暗示，让自己转忧为喜、化苦为甜。心理学家认为，有效调整心态的途径就是：我们可以先假装自己很快乐，持续一段时间，我们就会感觉内心真正充满了快乐。

　　一天早上，正值上班的高峰，北京某路公交车拥挤不堪，整个车厢挤得水泄不通。这时，司机一个急刹车，站在门口的一个老先生一个趔趄差点倒在旁边一个小伙子身上。

老先生急忙寻找扶手以求支撑，没想到一把就抓住了扶手上一个年轻姑娘的手。还没等老先生开口道歉，这位穿着时尚的姑娘开口就骂："你个老不死的，怎么回事，不行待在家里别出来。"

听到这句难听的话，车上的乘客开始为老先生打抱不平，纷纷谴责这位姑娘没礼貌。这位老先生却笑呵呵地劝大家说："别说人家姑娘了，我确实不小心碰到了她。其实我应该向她说'谢谢'，谢谢！"

那位姑娘顿时无话可说了。但老先生的这一反应把车上的人都闹糊涂了：别人骂他，他不但不生气，反而笑着感谢，有病吧？

这时，有一个人实在忍不住好奇，就问老先生："她刚才骂你，你怎么还谢她？"

老先生说："我确实老嘛，姑娘说了实话，'老不死'，再老都不死，姑娘这不是在祝我长寿嘛，所以，我要感谢她啊。"

听到这番解释，车上的人都笑了。那位姑娘却红着脸低下了头。

这位老先生明明知道那位姑娘在骂他，可他却故意把姑娘的话作出对自己有利的解释，假装别人在夸自己长寿。这样一来，不仅用幽默化解了被骂的尴尬，还调节了自己被骂后不悦的心情。

　　心理学家认为假装快乐就会真的快乐。即使处于不利的环境中，如果我们能对自己进行积极的心理暗示，情绪和行为就会产生良性反应；如果习惯使用消极的暗示，往往会把事情弄糟。

　　当然，这种假装不是虚伪，其实是对情绪的积极调整。如果一个人总是沉浸在一种消极的阴郁的心理状态之中，就会使自己的情绪恶化，而善于积极主动地去改变这种消极的氛围，加一些积极的阳光的情绪在里面，就能使自己乐观起来。

　　当不顺利的时候，有些人就会说些消极的话，对自己进行否定，甚至进行全面否定。例如，"反正我认为不行"，使得本来可以做好的事也做不好了。

　　可见，消极的语言是一种消极暗示，说多了会导致自卑，使人意志消沉、信心减弱。所以，积极地赞美自己，发现自身的优点，对自己说一些赞美和鼓励的话，有利于发挥积极的心理暗示作用，化解不良的情绪。

　　每个人都有优点，有些人总是盯着自己的缺点看，从而产生自卑心理。要克服自卑心理，就要学会发现自己的优点，并设法扩大。无论是多么微小的优点，都可以通过反复强调进行自我暗示，使自己获得自信。

　　心理学家认为，积极健康的自我暗示能把人带入天堂；消极有害的自我暗示能把人带入地狱。我们要想形成一种积极、主动的做事习惯，就要进行自我正面暗示。这种正面的暗示可以调节情绪，增强自信。

在日常生活中，有的人与上司发生了一次口角，就对工作失去了信心；或是跟同事闹了别扭，就觉得上班没劲。其实这大可不必。当心情不愉快的时候，你不妨对着镜子练习笑，对自己说"我的心情很愉快，我要努力地工作"，可能你的不悦情绪就会渐渐消除。这样，无论客观的环境多么不尽如人意，只要我们善于进行积极的心理暗示，就会创造出快乐的心境。虽然每个人的人生际遇不尽相同，但只有自己才是自己命运的主人，只有自己才能把握自己的心态，而心态塑造着自己的未来。当我们不快乐时，先不要说生活怎样对待自己，而是应该问一问，自己怎样对待生活。

不要暗示"无聊死了"

生活中，我们常常听周围的人说"生活太无聊了""真没劲""真是无聊死了"。每当人们感觉生活空虚时，总会发出诸如此类的抱怨。这类人多是生活没有目标，缺少动力，常常有无聊之感。

心理学家认为，无聊真的会导致人死亡。对此，相关人员曾经做过跟踪调查。伦敦大学学院流行病学和公共卫生系研究人员调阅1985年至1988年35岁至55岁接受"无聊感"调查的7524名公务员信息，并追踪他们20多年后的健康情况。截至2009年4月，一些调查对象已经离世。

调查结果显示，每10名公务员中有1人在过去一个月内感觉无聊；感觉无聊的女公务员人数是男公务员的2倍多；年轻公务员和从事琐碎工作的公务员比其他公务员更易感觉无聊。研究人员发现，感觉"格外无聊"者的死亡可能性比感觉充实者高37%。

研究人员还通过多方调查表明，无聊感强烈者与感觉充实者相比，因心脏病或中风致死的可能性高出2.5倍。因此，那些对生活不满、感觉无聊的人很有可能养成吸烟酗酒等恶习，而这些因素会"折寿"。那么这些感觉无聊的人如何才能摆脱这种消极而又影响健康的感觉呢？专业人士认为，要想走出"无聊"，步入"充实"，最关键的是"改变"。可以从以下方面作出改变。

做有意义的事。人们之所以感觉无聊，主要是因为生活得太盲目，太散漫。不妨找一些有意义的事情去做，从中发现工作的价值。比如，你可以到某个医院或学校做志愿者，从服务他人中寻找快乐。

做好职业规划。如果我们的工作处于停滞状态，无法从中获得快乐，就必须及时调整职业规划，拓展发展空间，从中重新发现工作的价值。

走出"舒适区"。如果生活太安逸了，没有新鲜感，久而久之，人们就会因生活平淡而整天抱怨。这时，我们就应该立即走出"舒适区"，可以去学习一项新的技能或者新知识。

打破常规。当我们感觉生活过于平淡时，应打破常规，做些平常不做的事情。比如，到一个特别向往但又没去过的地方旅行；给多年未联系的老友打电话；到一个离家较远的特色小店去淘物品。

也许我们无法避免无聊的感觉，但我们可以利用运动来摆脱这种状态。因此，感觉无聊时不要坐着发呆，而应该主动去找事做。因为一旦运动起来，无聊感会减轻，充实感随之而来。

轻声细语能让你快乐

如果我们认真观察周围的家庭，就会发现这样一个现象：那些脾气温和、对孩子说话柔声细语的家长，通常会给孩子营造一种和睦、幸福、快乐的家庭氛围；而习惯对孩子大声呵斥的家长，通常给孩子带来的是温情不多、对人冷漠的家庭氛围。

心理学家认为，生活中的许多摩擦与冲突皆源于说话的语调。我们的说话方式事关周围每个人的幸福，自身的幸福也牵涉其中。比如，我们扔块骨头给狗，它会去抢骨头。但它只会夹着尾巴，叼起骨头走开，没有半点感激之情。但若以一种轻缓的语调去呼叫它，让其从我们的手中叼走骨头，它就会表现出感激之情。

讽刺、尖刻、怨恨与不满的语调是导致家庭不和睦的原因，因为人们说话的语调中透露出对别人的情感与态度。尖刻的语调，发出的尽是恼怒与不真诚的心理态度，这无疑是让人反感的。当你觉得自己的愤怒之火在心中燃烧时，只需人为地压低说话的语调，就可以缓解头脑发热的紧绷情绪。

容易动怒或是稍有抵触即怒气冲天的人，很少会意识到，若是任由愤怒的火焰肆无忌惮地蔓延，神经细胞将会被烧得短路，这将损害脑部敏感的机制。不久，它们就会难以自控，就像一个火药桶，随时都有爆炸的可能。要知道，没有比在愤怒时表现出粗暴的品行更让人觉得羞耻的了。

若是所有家庭成员在说话时，绝不提高嗓门，那么，家庭中多少不和的场景都是可以避免的！若是母亲有吹毛求疵与惯于批评的喜好，那么就在求知若渴的孩子面前，用最富亲和力的语调与充满爱意的言辞大声地朗读奇幻书籍中的内容吧。

有一位总是保持严肃、冷峻、威严表情的老妇人，邻居的孩子都害怕她这副表情，每次遇到她总是远远地避开。一天，她前去照相，在相机面前，她的表情依旧冰冷。当摄影师看到她这副表情时，从相机后面探出头，突然说："太太，请给你的眼神一点光。"她努力按摄影师说的去做。

"脸上更加舒展点。"摄影师轻松地说，带着自信与命令的语气。

"年轻人，你这么对一个沉闷的老人发号施令，让人无法笑出来。"

"喔，不，不是这样的。这必须要从你的内心做起。再试一次，好吧。"摄影师以平缓的语调回答。

摄影师的语调与行为充满了自信的气息。她再次尝试了一次，这次比上次进步了许多。

"好！不错！你看上去年轻了20岁。"摄影师再一次用亲切而真诚的声音赞叹道。

老妇人带着一种奇异的心情回家。这是她丈夫离去之后，别人对她的首次赞美，这种感觉还真不错。第二天照片就冲洗出来了，照片中的她仿佛获得了第二次青春，脸上泛起了年轻时的热情。她久久地注视着照片，然后用一种坚定的语气说："如果我能做到一次，那么也可以再做一次啊。"

她走到梳妆台的小镜子前，平静地说："凯瑟琳，笑一下。"苍老的脸上再次闪现出一道光。

"笑得灿烂点！"她用最温柔的语气对自己说道，脸上也随之闪现出一副淡定而富有魅力的笑容。

邻居很快就注意到了其中的变化。他们都私下问她说："凯瑟琳小姐，您怎么一下子就变得好像年轻了好几岁呀，您是如何做到的？"

老妇人温和地说："这一切都要从说话做起，轻声细语可以让人内心更愉悦。"

老妇人从摄影师那里发现了重获新生的秘密，就是微笑着面对生活，轻声细语地对他人和自己说话。因为轻声细语时，人的心思一般会很谨慎，有利于营造一种恭敬、谨慎的氛围，对自己和他人都好。反之，大声地用命令的口吻说话，会给人一种不友好的感觉，不利于谈话的进行。

另外，科学家发现，如果人们在日常生活中一直习惯用响亮的声音说话，很可能会影响体内免疫系统的运作。

因此，我们在生活中要学会轻松生活，温和地表达自己的想法和观点，不与人发生争执。因为大声说话会导致心跳加速，并导致一系列潜在疾病的发作。

尝试多笑一笑

当看到有趣的事物或者觉得开心时，我们就会笑。人生来就会笑，但很少有人知道，笑也是一种很好的健身运动。如果在搜索引擎里输入关键字"笑"，将会出现各种各样的与之相关的词语。

笑的种类的确有很多种，科学家们对此众说纷纭。弗洛伊德、康德、柏格森等学者都对"笑"进行了较为深入的研究。每笑一声，从面部到腹部约有 80 块肌肉参与运动。笑100 次，对心脏的血液循环和肺功能的锻炼，相当于划 10 分钟船的运动效果。可惜，成年人每天平均只笑 15 次，比孩童时代少很多。

心理学家发现，笑是人类与他人交流的最古老的方式之一。最近有研究结果表明，经常笑可以提高人的免疫力。因此，笑受到了很大的关注。可是，我们到底为什么会笑呢？据科学家说，地球上的生物中，只有人类和一部分猴子会笑。的确，我们从没见过鸡或鸭子笑，如果有会笑的青蛙，那也怪吓人的。

人的笑来源于主管情绪的右脑额叶。每笑一次，它就能刺激大脑分泌一种能让人欢快的激素——内啡肽。它能使人心旷神怡，对缓解抑郁症和各种疼痛十分有益。

  吴波正走在下班的路上，在一个街角处准备拐弯回家。突然，有一个身穿黑衣、凶神恶煞的大汉站在他的面前，吴波心头马上涌起一种不祥的预感，心想：这个人到底想干什么？抢钱还是打架？于是，他马上提高了警惕，心跳加速，变得紧张起来。

  就在吴波准备拿出手机报警时，没想到那人忽然面带微笑着说："我想去交通路的蒂湖花园小区，你能告诉我应该坐哪路公交车吗？"吴波听到这句话后，变得不再紧张了。于是，吴波耐心地告诉他，过前面的路口坐19路车。

  那人离开时，还很礼貌地向他道谢。这时，吴波忍不住笑了。

  由此可见，人在感到危险时会紧张，但当发现危险并不存在时，就会自然而然地笑出来。在心理学中，对这种状况的解释是：笑是缓和某种紧张状态的方法，人通过笑可以达到心理上的平衡。"讨好地笑"和"谄媚地笑"也是缓和紧张状态的方法。

  如果我们对着镜子认真观察，就会发现只要发笑，嘴角和颧骨部位的肌肉便会跟着运动。笑其实是一种保持青春的"美容操"，可以释放紧张的情绪，缓解压抑的心情，有利于人的身心健康。

笑可以缓解压力。笑是一种健康的情感表达方式，可以使肌肉放松，减轻精神压力，驱散愁闷。对内向的人来说，对人微笑有助于克服羞怯情绪，可以促进人与人之间的交际。

笑能缓解疼痛。长期伏案工作者，由于颈、背、腰肌长期处在固定位置，过分的紧张和收缩容易引起头痛和腰背部酸痛。有这种职业性肌肉劳损的人只要笑口常开，无疑会从这种特殊的运动中大大获益。因为笑可使一些部位的肌肉收缩，使另一些部位的肌肉放松，是一种缓解痉挛性疼痛的妙法。

大笑有助于呼吸。笑作为一种有效的深呼吸运动，已被越来越多的人所认识。开怀大笑时，随着呼吸肌群的运动，使胸腔和支气管先后扩张，不仅增强了换气量及血氧饱和度，有助于心脏供氧，而且对哮喘和肺气肿病人也有一定的治疗作用。

此外，笑伴随着腹部肌群的起伏，是一种极好的腹肌运动。腹肌在大笑中强烈地收缩和震荡，不仅有助于把血液挤入胸腔静脉，改善心肌供血，对胃、肠、肝、脾、胰等也是一种极好的按摩。

笑有助于美容。因为笑的时候，脸部肌肉收缩，会使脸部更有弹性。俗话说得好："笑一笑，十年少。"当你笑的时候，大脑神经会放松一会儿，从而使大脑有更多的休息时间。

学会赞美自己

当你站在镜子前发现自己沮丧的一张脸的时候，有没有想过跟自己说一声："我很棒！""我能行！"有没有想过试着赞美自己，让自己沮丧的心情变好呢？或许有人会发出这样的疑问，哪有可能那么容易赶走坏心情？事实并非如此，赞美往往能发挥意想不到的效用。

在上班的路上，晓昕看见一个年轻的妈妈带着自己年幼的儿子在家门口学习走路。当小孩扶着妈妈的手时，敢大胆地迈步往前走。一旦妈妈把手拿开，他便站在那儿不敢往前迈步。孩子的妈妈并没有急着过去扶他，而是蹲在前面不远处，鼓励着他："宝宝真厉害，宝宝一定能走过来。"

晓昕心想：孩子那么小，哪懂得这些鼓励的话啊，这招肯定不管用。谁知过了一会儿，小孩居然真的在妈妈的鼓励下向前迈出了一小步，晃悠悠地往前走，最后一下子扑到母亲怀里。

"宝宝真棒！"年轻的母亲不住地赞美着自己的儿子，孩子"咯咯"地在母亲的怀里笑着。

那一刻，晓昕觉得很不可思议：怎么年轻妈妈的几句赞美的话竟能起到这么大的作用，使一个还没学会走路的小孩鼓起勇气往前走？

小孩子如此，大人又何尝不是呢？可见，赞美的力量多么惊人。

马克·吐温说过这样一句话："只凭一句赞美的话，我可以多活三个月。"人人都渴望得到别人的赞美，赞美是一种肯定、一种褒奖。工作中听到领导的表扬，我们干活便特别带劲；生活中听到朋友的赞美，心情就能舒畅好几天。因此，适时地给自己一句赞美，面对困难、面对不快的时候就更有勇气面对。

赞美就像照在人们心灵上的阳光，能给人以力量。没有阳光，我们就无法正常发育和成长。赞美能给人以信心。没有信心，人生之船便无法驶向更远的港湾。在快节奏的大城市生活，大多数人会患上某种情绪综合征，烦恼时常跟随。为什么会有这种情况呢？原因大致有三：过于追求完美，过度自卑，过度关心自己。

过度追求完美的人，往往要求自己做的每一件事、说的每一句话都必须十全十美。一旦有一点小错就会责备自己，情绪变得低落。让自己试着放轻松，暗暗地告诉自己："我已经尽力了！"再试着给自己一个宽慰的微笑，这样你的心情就会变好很多。

过度自卑的人，会特别害怕出现在社交场合。因为他们总是担心自己做不好，担心自己会给别人留下不好的印象，担心自己会让别人感到尴尬。这和一个人过分在意自己的容貌、口才、自我表现力等有关，因为对自己不自信，所以会对自己做一些消极的评价。可以试着发现自己身上的闪光点，没有一个人是毫无特色的。所以，找出自己最优秀的部分，告诉自己，虽然我在某方面有不足，但在另一方面却能做得很好。要记住一句话，没有一个人能让全世界的人都喜欢他。做好自己，做自己该做的事就好了。

有些过度关心自己的人往往很容易产生忧虑和烦恼。这种情形跟追求完美主义倾向有共通之处，那就是非常在意自己身体的完全健康与舒适感。当一个人发现自己有任何身体不适症状时会非常紧张，并马上去医院检查。那么，试着告诉自己：我虽然感觉到不适，但我的身体抵抗力很好，不用担心，小病很快就会痊愈的。

其实，归根到底，人之所以会焦虑、会担心、会害怕，是因为在潜意识中我们都渴望过一种自由自在、无忧无虑的生活。我们在面对可能发生的消极事件或克服此事件产生的后果时缺乏信心，潜在的不自信使我们的思想、行为、情绪变得紊乱。因此，只要先弄清自己焦虑、不安的原因，再分析自己为什么会这样，之后针对自己不安的原因，用含有鼓励意味的词语安慰自己。如果自己还是觉得很害怕，那不妨试着这么告诉自己：纵然我所怕的事情真的发生了，或是最坏的结果发生了，是否真的是那么可怕？他人不是也有过类似的遭遇，他们不是照样过得好好的吗？如果真的发生了，我以后真的就无法活下去了吗？如果再不行的话就问问自己：我害怕死亡吗？如果不怕的话，那就告诉自己：我连死都不怕，还有什么好怕的！

第八章

不断提升自己的幸福指数

钱和幸福不能画上等号

我们快乐的时候，就会觉得天地间一切事物都是美好的，哪怕是那些负面的事物在我们眼中也会显得相对不那么可恶。有句名言说，真正的快乐是内在的，它只有在人类的心灵里才能被发现。那么，我们要怎样探究快乐，以及快乐对我们的重要性呢？

加利福尼亚曾经有一项实验研究，有 20 多万人参加。在实验中，研究人员采取了多种方法来娱悦被实验者，比如让被实验者接触美丽芬芳的鲜花，阅读一些积极的肯定式的话语（比如"我是一个非常优秀的人才"），让被实验者吃些甜食或者进行一些娱乐活动，来达到高兴的效果。甚至研究人员还采取了一些具有欺骗色彩的方法，比如告诉被实验者，说他们被证实在 IQ 测试中获得了很优异的成绩，或者制造他们在街上捡到意外之财的巧合。通过这些测试，研究人员仔细观察了快乐对被实验者产生了哪些作用，结果很明显，快乐的人更容易成功。所以，研究人员认为：快乐并不是来自成功，而是快乐能导致成功。

通过对数百个实验数据的对比和研究，研究人员发现，快乐能带来令人印象深刻的几大好处。比如，快乐使人们更愿意与人为善并乐于奉献；快乐让人们更加喜爱自己和他人，从而减少了人际关系中的不稳定因素，也增强了人们的免疫系统；长期保持快乐的心情将使人们的婚姻更美满，更能在工作中找到充实的感觉并实现自我，快乐的人寿命也更长。

当一系列的举动开始在被实验者身上产生情绪反应，同时，这种情绪反应也开始影响人们的举动时，实验者开始仔细观察快乐对被实验者产生了哪些效果。抛开实验所用的手段不提，整个实验的结果非常明确，那就是：快乐并不来自成功，与此相反，是快乐导致了成功。

既然快乐对我们如此重要，那么，我们要怎样得到它呢？

如果我们向大部分人提出这个问题，恐怕得到的回答将是：更多的钱。在许多个关于快乐的访问调查中，更加鼓胀的钱包一直在人们开列的"快乐必备"清单中名列榜首。

不过，钱和快乐真的能画上等号吗？对金钱过度渴望会不会引来不好的结果呢？

有专家做了一个调查，想看一下那些靠辛勤工作来换取财富的人，他们的收入与快乐之间存在什么样的关系。

这一研究涉及的规模很大，是一个国际调查，也就是请许多个国家的人为自己目前的快乐程度打分，统计方式是让被测试者用十分制，快乐程度从"非常不快乐"到"非常快乐"不等，然后统计出每个国家的人的平均快乐程度，并与该国的国民生产总值（GNP）作对比。

结果显示，不是很富裕国家的人与富裕国家的人相比，快乐程度要低一些，但是只要其 GNP 上升到一个适度的水平，这种差别就会消失。

对工资收入和快乐之间的关系进行的研究也表明了类似的结果。伊利诺伊大学的艾德·戴纳及其同事在一个研究中发现，富人并不比普通人快乐多少，也就是说，巨大的财富并非他们快乐的源泉，因为即使是在《福布斯》杂志上排名前100位的富豪也只比一般的美国人快乐一点点。所有这些研究都得出一个结论：当人们已经能够支付生活必需品的时候，收入的增加并不会明显地带来快乐的增加。

中彩票是获取金钱安全感的一种很不寻常的方式，因此，心理学家们将此作为个例进行了研究。

1970年，美国西北大学的菲利浦·布利克曼及其同事所做的一个研究对此提供了部分答案。布利克曼希望发现：当发财梦实现之后，人们会做些什么？一大笔意外之财究竟是会让人们一直乐得合不拢嘴，还是会很快变得稀松平常，而人们对金钱的原始欲望也会很快随之消退？布利克曼接触、访问了一群人，他们都中了伊利诺伊州的彩票，其中有几个的中奖额还达到了上百万美元。布利克曼又从伊利诺伊州的电话簿里随机挑选了一些人，组成一个对照组。布利克曼请每个组的人给自己目前的快乐程度打分，并说出他们希望自己在将来有多快乐。此外，每个人还要说出他们的快乐有多少是来自每天的日常生活，比如和朋友聊天，听到一个有趣的笑话或者受到别人的赞美，等等。

从这两个实验中，我们可以看到物质可以给人们带来快乐，也可以说物质是支持精神快乐的一个方面，但是金钱无法彻底地与快乐画上等号。

虽然金钱能为心灵的满足提供多种手段和工具，但并不是唯一能够满足心灵的东西，在现实生活中，我们不能只顾享受金钱而不去享受生活。享受金钱只能让自己早日堕落，而享受生活却能够使自己不断品味幸福。享受金钱会使自己被金钱的恶魔无情地缠绕，于是自己的生活主题只有"金钱"二字，整天为金钱所困惑，为金钱而难受，为金钱而痛苦，生活便会沦为围绕一张钞票而上演的闹剧。享受生活的人更在意心灵的宁静与快意，会感觉人生是无限美好的，于是越活越有味道。

对待金钱必须要拿得起、放得下。赚钱是为了活着，但活着绝不是为了赚钱。如果人活着只把追逐金钱作为人生唯一的目标和宗旨的话，那么人将是一种可怜的动物，人将会被自己所制造出来的这种工具捆绑起来，被生活所遗弃。

我们必须领悟：财富是无所不在的。金钱、土地、股票、债券是财富，但是水、空气、太阳、山、海、树木、花草、爱与帮助也是财富。凡是大自然所赋予人类的一切均为财富，若能充分享受这些恩惠，才能算得上一个内心充盈的人、一个最富有的人。

"比较"让人幸福

我们很多人会比较，比较公司好坏和福利多少，我们能够看到别人的"五险一金"，却看不到另一些人的低薪；我们能够看到别人的年假双休，却看不到另一些人的起早贪黑；我们能够看到别人的 8 小时工作制，却看不到另一些人的日夜不休……

2010 年有一个名为 "2010 年中国城市居民幸福感调查"的抽样调查，涉及了发展水平不等的 24 个城市的 4800 名居民。调查结果显示，30 岁以下的青年人倾向于回答"不幸福"的比例最高，而 70 岁以上的被调查者中无人认为自己"不幸福"。调查报告撰写人、中国社会科学院社会学研究所副研究员王俊秀分析："虽然未有权威统计数据加以佐证，但其原因很可能与现在就业前景不明朗、房价水平相对较高有关。"

其实，30 岁以下的年轻人面对的又何止是这些问题，还有养老、教育、医疗等重担压在肩上。这部分人群多为 80 后、90 后，他们生在改革开放的和平新时代，享受着现代化的物质生活，吃穿住行都比父辈要便捷，这部分人群的大多数不用挨饿受冻。但是，他们却并未比父辈更幸福。这是为什么呢?

主流心理学倡导"真实比较",比较的对象是真实存在的事实。而现实中的人们善于"虚拟比较",它是指在比较中绕开所进行比较的实质性问题和要素,而转向其他方面的比较。现实中的人之所以要进行"虚拟比较",与人的主观幸福感有关。换言之,进行"虚拟比较"的直接心理后果是获得了一种主观上的幸福的感觉。

美国社会心理学家费斯廷格被誉为"社会比较之父",他发现人们在生活中总是善于比较,而且为了使这种比较更为准确、真实和稳定,人们一般都喜欢同那些与自己地位、职业、年龄、背景相同的人进行比较。人们之间的相似程度越高,社会比较的驱动力就越强。因为相似的人可以为自己提供更多真实、有效的信息,所以与相似的人进行比较才更有意义。

简言之,主观幸福感主要由情感成分和认知成分这两大部分构成。情感成分,是指当事人的情绪体验,包括积极情绪和消极情绪。一般当一个人所体验到的积极情感多于消极情感时,就会感到幸福;反之,就不幸福。认知成分,即生活满意度,包括职业满意度、婚姻满意度和事业满意度。

生活满意度是人们对生活的综合判断,作为认知因素,它独立于积极情感和消极情感,是衡量主观幸福感更有效的指标。尽管健康、金钱、地位等外在客观条件对幸福感会产生影响,但它们并不是幸福感必不可少的内在部分。生活的满足感最主要体现在心理感受上。

"惜衣惜食,非为惜财缘惜福;爱人爱物,到了方知爱自己。"以惜福的心态度过生命中的每一天，怎能不生知足、安详、欢愉、幸福之感呢。

所以，我们要做一个心智成熟的人，因为只有这样，才能控制自己的情绪与行为，不会像野马那样为一点小事抓狂。当我们在镜子前仔细审视自己时，我们会发现自己是自己最好的朋友和最大的敌人。特别是我们想控制别人之前，一定要先控制自己。如果我们不能征服自己，就可能错失幸福。

另外，我们也要学会简简单单地生活，简简单单地去发觉点滴间存在的小小幸福。幸福就像山坡上静吐芬芳的野花，没有围墙，它只需要一颗清净的心和一双未被遮住的眼睛做"门票"，就能轻松走进幸福的乐园。

我们还要时刻警醒自己：幸福没有统一的答案，也没有固定的模式，但是它需要一种捕获的心境。我们要把幸福的内涵无限丰富，同时善于用心灵去发现、去捕捉，哪怕是一条温暖的问候短信、一句关爱的叮咛、一缕初夏的凉风、一幕日常生活的琐碎片段……我们都能从中感受到幸福。这样，我们才能培养一颗懂得享受幸福的心。

幸福感是递减的

　　无论是幸福还是痛苦，我们都不要沉溺其中，世界上没有永恒的东西，而我们真正的快乐则是永葆"不以物喜，不以己悲"的情怀。事实上，幸福之所以打了折扣，并不是幸福真的减少了，而是由于我们内心起了变化。从心理学的角度来说，这就是幸福递减定律，指人们从获得的物品中得到的满足和幸福感，会随着所获得的物品的增多而减少。

　　我们在生活中还常遇到这样的情况：人在很穷的时候总觉得有钱才是幸福；但真成了富翁的时候，再被问及什么是幸福，他往往会说平平淡淡才是真，而不再是金钱。

　　正如幸福递减定律所阐释的，人在处于较差的状态下，为一点微不足道的事情都可能兴奋不已；而当所处的环境渐渐变得优越时，人的要求、欲望等就会随之提升。所以，当我们感觉不到幸福的时候，可能幸福依然在我们的周围，只是我们自己的内心失去了对它的敏感。

　　　一位国王带领军队去打仗，结果全军覆没。他为了躲避追兵而与人走散，在山沟里藏了两天两夜，其间粒米未食、滴水未进。后来，他遇到一位砍柴的老人，老人见他可怜，就送给他一个用玉米面和干白菜做的菜团子。饥寒交迫的他狼吞虎咽地把菜团子吃光了，当时他觉得这是全天下最好吃的东西。于是，他问老人如此美味的食物叫什么，老人说叫"饥饿"。

后来，国王回到王宫，下令膳食房按他的描述做"饥饿"，可是怎么做也没有原来的味道。为此，他派人千方百计找来了那个会做"饥饿"的老人。孰料，当老人给他带来一篮子"饥饿"时，他却怎么也找不到当初的那种美味了。不难看出，国王在成天大嚼山珍海味的情况下，再也体验不到"饥饿"时候食物带来的幸福感了。

可见，幸福不过是人们的一种感觉，这种感觉是灵活多变的，同一个人对同一种事物，在不同的时间、不同的地点、不同的环境会有完全不同的感觉。

所以，幸福随着追求而来，随着希望而来，随着需要而来；而痛苦会随着挫折而来，随着失望而来，随着欲望而来，但它们都会随着客观条件的变化，像过客一样匆匆而逝，不会永远停留在某时、某处。既然如此，那不断追求幸福和可能沉溺于痛苦的我们，又该怎么办呢？

幸福和痛苦都是相对的，当我们意识到幸福会逐渐消失的时候，我们就要懂得去创造更多的幸福；当我们意识到痛苦也会逐渐退潮的时候，我们就可以尽量平息自己内心的波涛，让自己尽快走出心理误区。

感觉适应让人麻痹

我们都知道这样一句话，"如入鲍鱼之肆，久而不闻其臭"，意思是说，在臭不可闻的地方待久了，会逐渐感受不到它的臭味。而在现实生活中，这种现象也的确存在，那么，我们应该怎样解释这种现象呢？

现在我们假设有这样一个情景：有两个人，同时住在一个房间，房间里面充满了让人难以接受的臭味，如果我们让这两个人分别在房间里待上 5 秒和 1 分钟，哪个时间段会比较难受呢？

答案就是，只待 5 秒的人会比待上 1 分钟的人更加难以接受那种味道，或许他们还会诅咒那种恶臭的让人心生不快的经历。按理说，闻到臭味时间越久的人应该越难受、越无法忍耐，而受到消极嗅觉刺激时间越短的人应该越暗自庆幸。可是，为什么会出现这种与常理相悖的现象呢？

这是因为人体的"感觉适应"，它是指刺激物持续作用于感受器而使其感受性发生变化的现象。如从暗处走到明处，受到阳光刺激，起初几秒钟什么也看不清，但很快就适应了。嗅觉、肤觉、视觉、听觉、味觉都会在适应后感受性降低，但是痛觉适应比较难。

不过，如果我们改变测试方式，让人先待上 5 秒然后走出房间一会儿再进去 5 秒……如此反复 1 分钟的话，那对对方而言，就真的是"无与伦比"的痛苦了。

　　这又是为什么呢？因为一旦中断了适应的过程，造成适应感的消失，那么就会很快恢复到本身的厌恶感，而这种中断如果反复发生的话，厌恶感就会有所加强。这也就可以解释，为什么我们在完成自己讨厌的工作内容时，如果中途停下来去听歌或者放松休闲，之后想再提起干劲就是十分困难的事情了。这样的休息其实很大程度上减弱了我们的适应能力，如果要我们重新开始，那么我们就会觉得问题更严重了。

　　所以，从这个道理我们可以知道，无论是多么困难的事情，特别是在挑战一些高难度的任务时，只要我们全情投入了，"我们就会开始进入状态"——这是我们在认真做事时常用的一句话。

　　那么，没有选择的时候或现状无法改变时，至少还有一点是可以选择改变的：选择积极适应现状的态度。培养我们的热情，把我们要面对的事情当成等待热爱点燃的煤山，我们就能释放出巨大的能量。同时，我们还可以给自己不断树立新的目标，挖掘新鲜感；或者把曾经的梦想捡起来，找机会实现它；审视自己的现况，看看有哪些事情一直拖着没有处理，然后把它做完……

　　快乐并不难，难在我们要去适应一种状况，然后将自己投入其中。如果我们能做到这点，那么痛苦将不再是痛苦，快乐却会不断地被我们发现！快乐其实就是这样一个道理！适应磨难，那么磨难不再，同时，悲戚的时刻——中断了我们幸福的那几秒空白——又会让我们的快乐不断地轮回和重生！

第一次是最具幸福感的

在很多情况下，人们都认为自己得到的东西越多就会越高兴。因此，对于一些有用的物品，我们总期待"多多益善"。事实上，这种美好的期待并不能代表我们内心的真实感受。也就是说，我们并不是自己所想象的那么贪心。

其实，我们对物品价值的认识不是来源于物品本身，而是通过使自己的需求、欲望等得到满足来主观地体验的。消费或享用同样的东西给我们带来的满足感是在递减的。这就是经济学中常说的边际效应递减原理。

边际效应，在经济学中叫"边际效益递减率"，在社会学中叫"剥夺与满足命题"，是由霍曼斯提出来的。它是指："某人在近期内重复获得相同报酬的次数越多，那么，这一报酬的追加部分对他的价值就越小。"

心理学家曾做过这样一个实验：

一个一贫如洗的乞丐，穷得连双鞋子都没有。但冬天就要到了，突然有一天，他意外地得到一双鞋，心理学家让乞丐对这双鞋子进行评分，乞丐立刻给这双雪中送炭的鞋子打了高分。接下来惊喜不断，又有一些人陆续给他送来了鞋子，而此时，心理学家再让他给后来的鞋子评分时，却发现他给的分数越来越低了。

鞋子带给乞丐的满足感逐渐降低，其实这就是边际效应递减原理的一个表现。这个效应提示我们，向往某事物时，情绪投入越多，第一次接触到此事物时情感体验也越强烈，但是，第二次接触时，会淡一些，第三次，会更淡……以此发展，我们接触该事物的次数越多，我们的情感体验也越淡漠，一步步趋向乏味。

在现实生活中，我们明明知道水是生命之源，但是它的价值却远远比不上钻石。相比而言，水作为生命的必需品，对我们来说更为重要，不过水每天都会出现在我们的视野里，重复次数多了，对它的价值也就熟视无睹了。而钻石却不是随随便便就能得到的，获得一枚小小的钻石所带给我们的惊喜要远远大于一杯水。因为钻石要比水贵。当然，这也不是绝对的。当人们身处沙漠中时，一杯水的边际效应会重新引起人们的注意。

边际效应递减原理在生活中的应用随处可见。比如谈对象，当谈第一个对象的时候，印象往往是最深刻的，谈第二个对象的印象就没有第一个那么深刻了，依此类推。

在这里，感情的效应值随着你所谈朋友数量的增加而在减少，这就是人们对初恋那么难忘的原因。尽管第一次谈的对象不一定是最合适也不一定是最完美的，但却是最难忘的。因为第一次感情难忘值是最高的。

我们常说的"熟悉的地方没有风景"也是边际效应递减原理导致的。例如，你听说有一个地方的风景很美，特别想去。如果你第一次去，就觉得很新鲜、新奇，玩得很痛快，觉得收获也不小。但如果去得次数多了，就不觉得新奇好玩了。

正确定位是幸福的开始

富兰克林说过："宝贝放错了地方便是废物。人生的诀窍就是找准人生定位，定位准确能发挥你的特长。经营自己的长处能使你的人生增值，而经营自己的短处会使你的人生贬值。"

如果你到现在还没有给自己准确定位的话，那么你就应该抓紧时间，坐下来分析一下自己，根据自己的特点，寻找真正适合自己的位置。只有坐在适合自己的位置上，你才能得心应手，在人生的舞台上游刃有余。

1929 年，乔·吉拉德出生在美国一个贫民家庭。他从懂事起就开始擦皮鞋、做报童，然后又做过洗碗工、送货员、电炉装配工和住宅建筑承包商等。35 岁以前，他只能算是一个失败者，朋友都弃他而去，他还欠了一身的外债，连妻子、孩子的生活都成了问题，同时他还患有严重的语言缺陷——口吃，换了 40 多份工作仍然一事无成。为了养家糊口，他开始卖汽车，步入推销员行列。

刚刚接触推销时，他反复对自己说："你认为自己行，就一定行。"他相信自己一定能做得到，以极大的专注和热情投入推销工作中，只要一碰到人，他就把名片递过去。不管是在街上还是在商店里，他抓住一切机会推销他的产品，同时也推销他自己。三年以后，他成为全世界最伟大的销售员。谁能想到，这样一个不被人看好而且还背了一身债务、几乎走投无路的人，竟然能够在短短的三年内被《吉尼斯世界纪录》称为"世界上最伟大的推销员"。他至今还保持着销售昂贵产品的空前纪录——平均每天卖6辆汽车！他一直被欧美商界称为"能向任何人推销出任何商品"的传奇人物。乔·吉拉德之前做过很多种工作，屡遭失败。最后，他把自己定位在做一名销售员上，他认为自己更适合、更胜任这项工作。

可以说，我们给自己定位成什么，我们就是什么，定位能改变人生。另外，定位的高低将决定我们人生的格局。所以，幸福与否不是上天的馈赠，更不是别人的礼遇，而是我们给自己定位的自我认知和未来蓝图。

一个乞丐站在一条繁华的大街上一边乞讨一边兜售钥匙链，一名商人路过，向乞丐面前的杯子里投入几枚硬币，匆匆离去。

过了一会儿，商人回来取钥匙链，对乞丐说："对不起，我忘了拿钥匙链，你我毕竟都是商人。"

一晃几年过去了，一天这位商人参加一个高级酒会，遇见了一位衣冠楚楚的老板向他敬酒致谢，说："我就是当初卖钥匙链的那个乞丐。"这位老板告诉商人，自己生活的改变得益于商人的那句话。

　　在商人把乞丐看成商人那一天，乞丐猛然意识到，自己不只是一个乞丐，更重要的是，还是一个商人。于是，他的生活目标发生了很大转变，他开始贩卖一些在市场上受欢迎的小商品，在积累了一些资金后，他买下了一家杂货店。由于他善于经营，现在已经是一家超级市场的老板，并且开始考虑开几家连锁店。

　　这个故事告诉我们：你定位于乞丐，你就是乞丐；你定位于商人，你就是商人，不同的定位成就不同的人生。

　　可以这么说，如果定位不正确，我们的人生就会像失去指南针一样迷茫，有时甚至会发生南辕北辙的事；而准确的人生定位，不但能帮助我们找到合适的道路，更能缩短我们与成功的距离；而一个高的定位，就像一股强烈的助推力，能帮助我们节节攀升，开创更大的人生格局。所以，给自己定位高一点，才能更大限度地激发自己的潜能，这也是人生的一种幸福。